菜根谭

卷二

〔明〕洪应明 著
史晓东 编译

【原文】

八七　念头起处，才觉向欲路上去，便挽从理路上来。一起便觉，一觉便转，此是转祸为福、起死回生的关头，切莫轻易放过。

【译文】

在邪念刚萌发时，便意识到这是走向贪欲的邪路，应立刻打消这种念头回到正确的道路上来。坏念头一产生就立刻有所警觉，有警觉就立刻加以挽救，这是转祸为福、起死回生的重要关头，绝不可轻易放过至关重要的一刹那。

【原文】

八八　静中念虑澄澈，见心之真体；闲中气象从容，识心之真机；淡中意趣冲夷①，得心之真味。观心证道，无如此三者。

【注释】

①冲夷：冲和平易。

【译文】

一个人只有处在宁静中，心绪才会像秋水一般清澈，才能发现心性的真正本源；只有在闲暇中气概才会像万里晴空一般舒畅悠闲，才能发现心性的真正灵魂；一个人在淡泊中，内心才会像平静无波的湖水一般，才能获得人生真正的乐趣。要想明白人生的真谛，再也没有比这三种方式更好的了。

菜根谭

【品读】

当一个人安静下来后，心中的想法就会被过滤得澄澈，当一个人在休闲中觉得从容，自会悟透心之真机。

这就是将心灵沉静的好处：生活从容，真我自现。获得沉静的心灵有一个很重要的方法，那就是将心灵腾空，将焦虑、恐惧、紧张、内疚、罪恶感等情绪搬离自己的心房，为心灵减速，不仅会缓和压力和负担，还会还原本真，让生活还原真趣，让人生自现真机。如果我们不这样做，一味地被外物困扰，不仅事情不会有改观，我们自己也会画地为牢。

一个商人的妻子不停地劝慰着她那在床上翻来覆去、折腾了足有几百次的丈夫："睡吧，别再胡思乱想了。"

"哎，老婆啊，"丈夫说，"你是没受过我现在遭到的罪啊！几个月前，我借了一笔钱，明天就到还钱的日子了。可你知道，咱家哪儿有钱啊！你也知道，借给我钱的那些邻居比蝎子还毒，我要是还不上钱，他们能饶得了我吗？为了这个，我能睡得着吗？"他接着又在床上继续翻来覆去。

妻子试图劝他，让他宽心："睡吧，等到明天，总会有办法的，我说不定能弄到钱还债的。"

"不行了，一点儿办法都没有啦！"丈夫喊叫着。

最后，妻子忍不住了，她爬上房顶，对着邻居家高声喊道："你们知道，我丈夫欠你们的债明天就要到期了。现在我告诉你们：我丈夫明天没有钱还债！"她跑回卧室，对丈夫说："这回睡不着觉的不是你，而是他们了。"

深呼吸，睁开眼睛，再轻松地闭起来，告诉自己：不要怕。要仔细想想这些有魔力的字句，而且要真

菜根谭

【原文】

八九

静中静非真静，动处静得来，才是性天之真境；乐处乐非真乐，苦中乐得来，才是心体之真机。

【译文】

在静的环境中能保持静，不是真正的静，只有在动荡或喧闹的环境中能保持心灵平静，这才是人生中车马之喧，正所谓『心远地自偏』。

生命的本身是宁静的，只有内心不为外物所惑，不为环境所扰，才能做到像陶渊明那样身在闹市而无弥足珍贵。与安静的生活相比，失去『心之真体』『心之真机』『心之真味』的生活是多么不值一提。

方可『证道』，让心灵沉静自会处事安然。那样真正生活在喧嚣吵闹的都市中的人们，可能更懂得安静的田园生活；身在林深竹海的人，却向往灯红酒绿的都市生活。但是很少有人问问自己的心想要什么。『观心』

世界就像座城堡，城里的人想逃出来，城外的人想冲进去。身居繁华都市的人，往往追求悠闲安静次入眠。其实，我们的生活本不至于让人如此焦虑、烦躁。

这些问题、困扰让我们的心灵和头脑继续运转，搅乱我们的睡眠，最后我们在噩梦中惊醒，便无法再管对我有好印象……

似乎全世界的重担都压在我们肩膀上：到哪里去找一间合适的房子？找一份好一点的工作？怎样可以使主

正相信，不要让我们的心仍彷徨在恐惧和烦恼之中。黑夜降临时，各种各样的忧虑会偷偷进入人们的梦里，

菜根谭

静的最高境界。同样，在欢乐的环境中喜笑颜开，并不是真正懂得快乐的人，只有在艰苦环境中仍能保持乐观的心态。这才是快乐的最高境界。

【品读】

有一个行者来到一个陌生的城镇，为了确定明天是否还能赶路，便问一位坐在墙边的老人，说："这位大爷，请问明天的天气怎么样？"

老人看也没看天空就回答说："是我喜欢的天气。"

"会出太阳吗？"行者又问。

"我不知道。"他眯着眼睛回答道。

"那么，会下雨吗？"

老汉依旧头也不抬地回答："我不想知道。"这时旅行者已经完全被搞糊涂了。

"好吧，"行者深吸一口气，接着说，"如果是你喜欢的那种天气的话，那会是什么天气呢？"

这时候，老人终于睁开了眼睛，抬起了头。他看着眼前的年轻人，说："很久以前我就知道我没法控制天气了，所以不管天气怎样，我都会喜欢。"

生活中的很多事都像天气一样不受我们的控制。比如，环境的静与噪，比如生活的顺和逆。但是无论怎样，我们还有自己的内心可以掌控。隐士结庐在人境，可以保持内心的沉静，保留心灵的真机；勇士身处窘境亦可以苦中作乐，留守心境的真静。其实说到一处，"天性之真境"和"心体之真机"皆由坦然乐观的心境铸就。

人人都希望自己有更好的生活，过得很舒适快乐，但最基本的是要改变心态。因为没有人能预知明天将会发生什么，是喜是悲只有天知道。人们期望天降喜事，但有时一些意外烦恼总是不期而来，为此，有些人悲观失望，结果让自己的生活变得更糟糕。其实，这样的做法很愚蠢。因为一个人向前瞻望的时候，如果看不到一点快乐的远景，他在世界上就不能找到继续前行的希望和动力。所以我们既然不能改变既成事实，不如改变面对事实的态度，尤其是坏事的态度和心境。

生活中，很多人在追求自己理想的生活的过程中，不自觉地就陷入了一个可悲的圈子：首先把时间放在懦弱的抱怨上，然后生活的境遇在抱怨中越发下降，最后继续抱怨，继续窘迫地过活。其实只要我们换个角度想，就会意识到无论快乐还是痛苦，其实都是生活的一部分，只有心态调整好了，才会跳出这个圈子，结果便可以闹中取静，苦中作乐。

喧嚣中的沉静是一种境界，欢乐的贫困是件美事。有人曾经问一些饱受磨难的人是否总是感到痛苦和悲伤，有的人答道：『不是的，倒是很快乐，甚至今天我有时还因回忆它而快乐。』为什么会这样呢？这是因为他从心理上战胜了磨难，找到了心中的宁静，并为此而快乐。换句话说生活本来就是让人热爱的，然而真正的精彩不属于忽略『天性之真境』和『心体之真机』的悲观者。

生活本来就是让人热爱的，那些喧嚷和挫折，不过是生活中一点或酸或辣的调味品。所以当我们遭受损失、挫折的时候，不要把焦点放在自己无法挽回的部分，而要把焦点放在生活里那些值得感谢、还能为自己做些什么的部分。当自己的内心失去平静并呈现消极的时候，要确保自己的意念完全投注在解决办法上，而非问题上；要学会即使在与不幸共存的时刻，还能够积极向上、活在此刻。其实一个真正会生活的人，

菜根谭

在这个快节奏的社会中，总能持沉静的心看世事纷扰，以乐观的态度看人生起伏。

【原文】

九〇 舍己毋处其疑，处其疑，即所舍之志多愧矣；施人毋责其报，责其报，并所舍之心俱非矣。

【译文】

一个人想舍己为人，就不应计较利害得失而犹豫不决，如果心存计较，犹豫不决，就会使志节蒙羞；一个人想施恩于人，就不要希望得到回报，如果希望别人知恩图报，就会使好心变质。

【品读】

信陵君杀死晋鄙，拯救邯郸，击破秦兵，保住赵国，赵孝成王准备亲自到郊外迎接他。唐雎对信陵君说："我听人说：'事情有不可以让人知道的，有不可以不知道的；有不可以忘记的，有不可以不忘记的。'"

信陵君说："你说的是什么意思呢？"

唐雎回答说："别人厌恨我，不可不知道；我厌恨别人，又不可以让人知道。别人对我有恩德，不可以忘记；我对人家有恩德，不可以不忘记。如今您杀了晋鄙，救了邯郸，破了秦兵，保住了赵国，这对赵王是很大的恩德啊，现在赵王亲自到郊外迎接您，我们仓促拜见赵王，我希望您能忘记救赵的事情。"

信陵君说："我谨遵你的教诲。"

信陵君杀死晋鄙、保住赵国的义行是一种'施人'之举，接受赵孝成王的礼遇厚待也是理所当然的事，但是唐雎让信陵君忘记救赵的事情。表面上看来唐雎的建议无非是让信陵君放弃理所应得的酬劳，实则是在教他高明的处世哲学——淡忘功劳。

"舍己""施人"都是奉献的美德。这种美德,不仅能给人以方便,还能让我们在付出时收获心灵的幸福和满足。但是奉献如果以索取回馈为初衷,不仅美德的光芒会变得暗淡无光,奉献本身也就成了一种谋取虚荣和利益的逢场作戏。所以当我们为了别人做出牺牲和付出,首先要学会淡忘自己的功劳,才不会让美德变质。

世事变幻,人生起伏,为了生活,愚者接受酬劳。智者功成身退,不为自己邀功。

西汉宣帝刘询当政时,渤海(今河北沧州一带)及邻近各郡发生饥荒,盗贼蜂起,郡太守们不能制止。宣帝要选拔一个能够治理的人,丞相和御史都推荐龚遂,宣帝就任命他为渤海郡太守。

当时龚遂已经七十岁了。皇上在召见时,见他身材矮小,其貌不扬,不像有本事的样子,心里颇看不起他,便问道:"你能用什么法子平息盗寇呀?"

龚遂回答道:"辽远海滨之地,没有沐浴皇上的教化,那里的百姓处于饥寒交迫之中而官吏又不关心他们,因而那里的百姓就像是陛下的一群顽童,偷拿陛下的兵器在小水池边舞枪弄棒打斗了起来。现在陛下是想让臣把他们镇压下去,还是去安抚他们呢?"

宣帝一听他讲的这番道理,神色严肃起来,说:"我选用贤良的臣子任太守,自然是想要安抚百姓的。"

龚遂说:"臣下听说,治理作乱的百姓就像整理一团乱绳一样,不能操之过急。臣希望丞相、御史不要以现有的法令一味束缚我,允许臣到任后诸事均根据实际情况灵活处理。"宣帝答应了他的请求,并派驿传将龚遂送往渤海郡。

菜根谭

郡中官员听说新太守要来上任，便派军队迎接、护卫。龚遂把他们都打发回去了，并向渤海所属各县发布文告：将郡中追捕盗贼的官吏全部撤免，凡手中拿着锄、镰等农具的人都是良民，官吏不得拿问，手中拿着兵器的才是盗贼。龚遂单独乘驿车来到郡府。

闹事的盗贼们知道龚遂的教化训令后，立即瓦解散伙，丢掉武器，拿起镰刀、锄头种田了。龚遂也因此声名大振。于是，汉宣帝经过几年治理，渤海一带社会安定，百姓安居乐业，温饱有余。

召他还朝。龚遂有一个属吏王先生，请求随他一同去长安，说：『我对你会有好处的！』其他属吏却不同意，说：『这个人，一天到晚喝得醉醺醺的，又好说大话，还是别带他去为好！』

龚遂说：『他想去就让他去吧！』

到了长安后，这位王先生终日还是沉溺在醉乡之中，也不见龚遂。可有一天，当他听说皇帝要召见龚遂时，便对看门人说：『去将我的主人叫到我的住处来，我有话要对他说！』一副醉汉狂徒的嘴脸，龚遂也不计较，还真来了。

王先生问：『天子如果问大人如何治理渤海，大人当如何回答？』

龚遂说：『我就说任用贤才，使人各尽其能，严格执法，赏罚分明。』

王先生连连摆头道：『不好！不好！这么说岂不是自夸其功，请大人这么回答：「这不是小臣的功劳，而是天子的神灵威武所感化！」』

龚遂接受了他的建议，按他的话回答了汉宣帝，宣帝果然十分高兴，便将龚遂留在身边，任以显要而又轻闲的官职。

在功绩面前沾沾自喜，难以把持住自己，是招致灾祸的常见原因。保持冷静的态度，谦虚处世、低调做人就会减少别人的嫉恨。

纵观而论，「舍勿处疑，恩不图报」从道德的角度来看，是对奉献美德的升华；从立身处世的角度来看，则是明哲保身的办事策略。前事不忘后事之师，现代人也应该从中吸取为人处世、立德修身的经验。按照自己的本心去付出，选择淡忘曾经施人恩惠。

不要因计较付出的得失而犹豫不决，更不要为了索取回报而显得矫揉造作。这样我们的人品修养和人际关系，就会像想自然生长的鲜花一样赢得别人由衷的赞美。

【原文】

九一 天薄我以福，吾厚吾德以迓①之；天劳我以形，吾逸吾心以补之；天厄②我以遇，吾亨吾道以通之。天且奈我何哉？

【注释】

①迓：迎接。②厄：为难，迫害。

【译文】

如果上天不赐福给我，我就耐心修养品德以迎接福分的到来；如果上天用贫苦困乏我，我就用安逸的心情来补偿；如果上天用穷困折磨我，我就刻苦磨炼意志来战胜命运。做到了这些，命运又能怎能左右我呢？

菜根谭

明刻本菜根谭

一五九

菜根谭

九二

【原文】

贞士无心徼福，天即就无心处牖其衷①；憸人②着意避祸，天即就着意中夺其魄。可见天之机权最神，人之智巧何益？

【注释】

① 牖其衷：启迪其心。② 憸人：奸佞之人。

【译文】

志节坚贞的君子从不想着福气的降临，可上天偏偏眷顾他，让他得到福分；奸佞邪恶的小人，虽然挖空心思想着避免灾祸，可上天偏偏在他巧用心机时来剥夺他的精神气力，使他遭受灾难。由此可见，天道可以说是神奇无比变化莫测极具玄机，人类那点小小的伎俩，在上天面前又算得了什么呢？

【品读】

金熙宗时期，官场腐败，贪污成风，独独邢台县令石琚不忘养德修身、洁身自好。石琚曾经规劝邢台守吏说：“一个见利不见害的小人，走运时也就是快要大祸临头的时候。你敛财无度，不计利害，你自以为是，在我看来却是愚蠢至极。回头是岸，我实不忍见到你东窗事发的那一天。”邢台守吏拒不认错，私下竟反咬一口，向朝廷上书诬陷他贪赃枉法。结果，邢台守吏终因贪污受到严惩，其他违法官吏也一一治罪。石琚因清廉无私，虽多受诬陷却平安无事。

石琚官职屡屡升迁，有人便私下向他讨教升官的秘诀，石琚说：“我不想升迁，凡事凭良心无私，这个人人都能做到，只是他们不屑做罢了。人们过分相信智慧之说，却轻视不用智慧的功效，这就是所谓的

一六〇

偏见吧。」

天机无限玄妙，而人的智慧十分有限。邢台守吏自认为获利手段高明，敛财无度，结果却死在贪欲围筑的陷阱里。而石琚以德为本，洁身自好，结果屡屡升迁。这就是「贞士无心徼福，天即就无心处牖其衷；憸人着意避祸，天即就着意中夺其魄」的道理。

当一个人把自己的修养、道德以及能力修炼到家的时候，即便不急切地追求福分，幸福和幸运也会主动来敲门；而一个险恶的人，因为居心叵测，道德败坏，即便处心积虑地躲避责任和灾祸，早晚也会受到惩罚。所以生活中那些成功的人往往是不心念成功而诚信为事的人。

有人问一个身价很高的成功人士：「您苦心孤诣十几年才有今天的成就，那么在您看来，成功的方法是什么？」

这个成功的企业家想了想，然后说：「成功是因为不想成功。」

这个回答让当时在场的所有人都觉得一头雾水，便问其中的原因。这时从成功人士这里，人们听到了关于成功的另一番解读：「如果我算是成功，我成功的原因是因为我不怎么想着成功，至少不天天想着成功。我想的是……我怎么把我该做的事情做好。」

当一个不想着成功，只是朝着好的方向努力时，就会收获意外的惊喜。我们每个人都梦想成功，但是梦想仅仅是梦想。当一个人成天想着「我要发财」「我要出名」时，美丽的梦想会演变成压力，从而欲望会越来越多，歹念会越积越厚，结果生活就会和梦想背道而驰。相反，当梦想只是一个方向时，我们就会把集中在压力、欲望上的注意力移到自身能力的提高和涵养品德的完善上来，这些相比于单纯的梦想来得更实在。

其实，生活中的「无心」往往是「有心」为之，对于名誉、利益、地位多几分「无心」，对品德、涵养、能力多几分「着意」，我们就会收获意料之中的惊喜。贞士之所以能受到上天的眷顾，是因为他有接受这份眷顾的资格，即良好的道德修养、淡泊的名利心，而奸佞之人纵然百般逃遁也无法避免祸患，因为他有必须受祸的罪状，即败坏的道德、利欲熏心。所以说，一个人要想有一番成就，首先要在道德修身上有所追求。

【原文】

九三　声妓晚景从良，一世之烟花无碍；贞妇白头失守，半生之清苦俱非。语云：「看人只看后半截。」真名言也。

【译文】

晚年从良嫁人的风尘女子，从前的风尘生涯就不再被人计较；晚年丧失贞操的节烈妇女，半辈子守寡的清苦便一笔勾销。俗话说：「要评定一个人的功过得失，必须看他后半生的晚节。」这真是一句至理名言啊！

【品读】

世人都说「万事开头难」，其实开了头，做到善始善终更难，在最后一刻把开始的事做好才不会有悔恨。「看人只看后半截」说的便是这个道理。

人的一生不怕开始犯错,怕的是到最后也不知醒悟悔改;一个人的可悲之处不是半生清苦,而是后半生失去坚守。做事要善终,做人应重晚节,这一点在人深陷困境时显得尤为重要。

深陷困境时,胆怯的念头、退却的想法会走进我们的头脑和思维,从而影响我们的判断。此时如果做事无善终,就会功亏一篑;晚年失节,就会让所有的美德都会消磨殆尽。

在这种情况下,成功、幸福和满足都会给失败让路。反之,成功和名誉就会如约而至。

1941年12月,日本侵占中国香港后,年近半百的梅兰芳蓄起了唇髭,没过几天,浓黑的小胡子就挂在了唱旦角的艺术家脸上。他年幼的儿子梅绍武好奇地问:『爸爸,您怎么不刮胡子了?』

梅兰芳慈祥地回答儿子说:『我留了胡子,日本人还能强迫我演戏吗?』

不久,他回到上海,住在梅花诗屋。他闭门谢客,拒绝为日本人演戏,仅靠卖画和典当度日,生活日渐窘迫。上海的几家戏院老板见他生活如此困难,争先邀他出来演戏,却被他婉言谢绝。

有一天,汪伪政府的大汉奸褚民谊突然闯入梅兰芳家,要他作为团长率领剧团赴南京、长春和东京进行巡回演出,以庆祝所谓『大东亚战争胜利』一周年。

梅兰芳用手指了指自己的脸,沉着地说道:『我已经上了年纪,很长时间没有吊嗓子了,早已退出了舞台。』

褚民谊阴险地笑道:『胡子可以刮掉嘛,嗓子吊吊也会恢复的。』

话音未落,只听梅兰芳一阵讥讽的话语:『我听说您一向喜欢玩票,大花脸唱得很不错。您作为团长率领剧团去慰问,岂不是比我强得多吗?何必非我不可!』褚民谊听到这里,顿时敛住笑脸,脸上红一阵

菜根谭

【原文】
九四 平民肯种德施惠，便是无位的公相；士夫徒贪权市宠，竟成有爵的乞人。

【译文】
一个普通老百姓如果能行善积德、广施恩惠，就好比没有爵位的王公将相一样受到万人敬仰；反之，一个身居高位的人如果一味贪恋权势、欺下瞒上，就像有爵位的乞丐那样可怜。

【品读】
在智者看来，这个世界上贫富有真假、地位需辩证。贫富的差异、地位的高低不以金钱的多寡和权势的大小来衡量，而是靠心域的广度来衡量。心域广阔的人，不仅关注自己，还会把他人的利益和福祸看在

白一阵，支吾了两句，狼狈地离开了。

梅兰芳蓄须明志，彰显一身傲骨，这是一种爱国精神，同时也是『临大节而不可夺』的坚守。正是因为这样，梅兰芳艺术大家的风采和精神才更值得人们敬仰。

在这个社会上，成功来自坚持，高贵来自坚守，无论是工作、学习，还是生活，常常怀抱一种善始善终的态度、坚持到底的执着，人生就会少些悔恨，多些钦佩。

所以在生活中，我们应该这样做到善始善终：没有面临抉择时，努力把手边的事做好，并精益求精；面临抉择时，宁可选择道义，也不可贪图一时利益；没有犯错时，继续保持做对事时的态度；做错事时，及时改正，并且避免再犯错；即使我们已经走到了最后一步时，也要像迈出第一步时，把路走好。

眼里，并广积恩德、广施恩惠，这样一来，即便他是一个地位不高的平民百姓，也会感到身心富足；心域狭隘的人，不仅睥睨众生，只知把自己放在眼里，还会用大部分的心力为自己谋权争宠，这样的话，即便他已衣食富足、地位高贵，也逃不出精神的匮乏。

所以有的时候，放开了心域，才能让富有和幸福住进来。

曾经有一个乞妇，不但生活穷苦，而且精神匮乏。

有一天，她听说有个富翁要来自己的镇上布施。这位富翁不仅富有，并且乐善好施，因此她决定去捞点好处。她贪求很多东西，这使她愈发觉得自己贫困不堪。

她在离富翁布施不远的地方跪下，一直等到富翁看见她。富翁问她：『你想要什么吗？』其实，富翁不用问，对乞妇的目的也早已心知肚明，这么问只不过是要让她承认并亲口说出来罢了。

乞妇答道：『我要食物，我要你将剩下的食物给我！』

富翁说：『可以，不过你必须先说「不要」；我给你的时候，你一定要拒绝。』说着将食物递给了她。

这时，乞妇才发现说出『不要』二字竟然十分困难，这时候她才明白，原来自己一生都没有说过『不要』！不论谁给她任何东西，她一向都说：『好，我要！』因此，她觉得说『不要』太困难了，这两个字对她而言是完全陌生的。费了九牛二虎之力，她终于说出了『不要』二字，富翁于是将食物给她。

这时，这个乞妇忽然明白了，自己的贫穷是因为心域只够容得下自己想有、想要、想抓取、想占有的欲望，而容不下布施幸福爱心和不要贫穷的信念。

这个乞妇贫穷的根源不在于没有物质资助，而在于精神匮乏。因为贫穷，所以只把自己的温饱放在心里，所以才没有更多的心灵空间去容纳他人。所以说想要度人，先求自度；想要富贵，先让心灵富足。私心太重，

菜根谭

贪心太足，只会让自己在狭隘、泥泞的心域越陷越深。

在生活中，帮助别人，会让我们的心域越来越广，乞求只会使私心越来越重、心域越来越窄。在帮助别人时，施予者应不存贪求福报的心，对所帮助的人不起分别，不着重于所施的东西。如果一个家财万贯的人只知积聚财富，不懂付出，就会堕入枯萎的心境。如果一个生活水平一般的人能有助人之心的话，就会超越平凡的生活，成为心灵富足的有德之人。这样一来，生活普通的人就会变得比生活富足的人更富有。

【原文】

九五 问祖宗之德泽，吾身所享者是，当念其积累之难；问子孙之福祉①，吾身所贻者是，要思其倾覆之易。

【注释】

①福祉：福分。

【译文】

要问祖先留下些什么恩惠，我们现在享用的一切都是，应当多想想祖先们当时创业积累这些福泽是多么艰难，不要葬送这来之不易的福泽。

【品读】

霍光作为汉室的安定和中兴建立了卓越的功勋，同时也成为后世解说『生于忧患，死于安乐』的常用人物，他既为汉昭帝最重要的辅政大臣，总揽朝政大权几近二十年，作为西汉历史上一个极为重要的政治话题。

当年借着霍光的权势，霍家的儿孙多少在朝中有些权势。而且他们常常挥霍无度，亭台楼阁修建无数，宴游无度，生活极尽奢华，对人也极为专横无礼。曾经有一个书生见霍家如此便预言道：『霍氏必亡！夫奢则不逊，不逊必侮上。侮上者，失道也。在人之右，众必害之。霍氏秉权日父，割之者多矣。天下之害，而又行以逆道。』就是说，霍氏现在的挥霍无度、目中无人，必为后日的灭亡埋下隐患。

后来，果不其然。霍光死后，霍家被灭族。

霍光一生的起伏，是留给后人的治家启示。《菜根谭》讲『问祖宗之德泽，吾身所享者是，当念其积累之难；问子孙之福祉，吾身所贻者是，要思其倾覆之易』，说的就是治家之道。让前辈建立的家业继续的最好方法就是让后世子孙明白『生于忧患，死于安乐』的道理。

纵观历史，家业兴衰的内在规律往往是，勤则兴，懒则败。这正如曾国藩在家书中告诫子弟时说的那样：『历览有国有家之兴，皆有克勤克俭所致。』他还说：『即今世运艰屯，而一家之中，勤则兴，懒则败。』如果子孙后代精神懈怠，不勤不俭，万千家业也会在朝夕间倾覆。历代的开国皇帝大多懂得打江山难，守江山更难的道理，所以他们更能懂得节俭对于一个国家的重要性。

宋国的开国皇帝赵匡胤即便身居万人之上的至尊之位，仍然生活俭朴，反对奢侈，还严格教育子女在生活上也讲究俭朴。

有一次，他的女儿魏国长公主，穿着一件翠羽绣饰的华丽短袄去见他。宋太祖见了很不高兴，严厉地斥责女儿后命令她立即回去改换朴素的衣服，并禁止公主以后再穿如此贵重的衣服。

菜根谭

魏国长公主很不理解:"宫里翠羽很多,我是公主,一件短袄只用了一点点。有什么要紧?"

宋太祖严厉地说:"正因为你是公主,所以才不能恣意享用。你想想,你身为公主,穿了华丽的衣服到处炫耀,别人就会仿效。全国不知要浪费多少钱才在昂贵的翠羽上。按照你现在所处的地位和生活,本应该以身作则、十分珍惜才对,你怎么能身在福中不知福还带头铺张浪费呢?"

公主无言以对,只好脱去那件美丽的翠羽短袄,但耿耿于怀,便想找个话茬试试自己的父亲。她想:"您既然是皇上,又是我父亲,对我要求那么严格,看你对自己要求怎么样。"于是,她向宋太祖试探性地问:"父皇,您做皇帝时间也不短了,进进出出老是坐那一顶旧轿子,和您的至高无上的地位很不协调,不如用黄金装饰装饰!"

宋太祖对女儿的这番话很是无奈,但仍然心平气和地说:"我是一国之主,掌握着全国的政权和经济,要把整个皇宫装饰起来都轻而易举,更何况只是一顶轿子!但古人说得好:'让一人治理天下,不能让天下人供奉一人。'倘若我自己带头奢侈,必然有更多的人学我的样子。到那时,天下的老百姓就会怨恨我,反对我。你说我能带这个头吗?"

公主一边听着,一边琢磨着每一句话,再看看皇宫里的装饰也很朴素,连许多窗帘都是用青布制作的。公主觉得父亲说的话确实有道理,于是就诚心诚意地向父亲叩头谢恩。

一个国家的千秋万代离不开节俭,一个家族,要想让家族的事业永续发展,也必须懂得勤俭于之的重要性。

在我们的现实生活中,大多数人没有很多的家产、权势需要传承,但是,无论钱多钱少,权轻权重,

一六八

【原文】

九六 君子而诈善，无异小人之肆恶；君子而改节，不及小人之自新。

【译文】

君子如果伪装善良，那就和小人肆意作恶没什么两样；君子如果丧失操守，那他还不如一个改过自新的小人。

【品读】

中国人历来把守德作为为人处世、齐家治国的基本品质。自古以来，守德的人受到人们的欢迎和赞颂，背弃道德的人则会受到人们的斥责和唾骂。所以，人要坚持操行志向，做有诚信之心的人，这样才能立足于天下而不败。

生活里，才华出众的人并不少见，甚至时常会有天才出现。但是，仅仅拥有才华和智慧就值得信赖吗？未必，真正值得信赖的是人的品格和道德水准。天才如果没有优秀的品格和崇高的道德，难免不会将才华放在错误的地方，放错地方的才华，还不如没有才华。

人的行动往往以个人的品格、道德为基础，并受其指导，内心诚实就不会诈闪，内心坚定就不会改节，

我们都要把勤俭持家的美德告诉给下一代，并在生活中以身作则，言传身教。让他们懂得今天的生活凝聚了长辈们的辛勤劳作，对别人的劳动成果不珍惜，就是对别人的不负责。同时也要嘱咐他们把这种教诲传给下一代。世世代代下去，家业无论大小总会得到延续。

所谓『言必信，行必果』，说的就是真正的君子要对自己言行负责。对自己的言行负责，就是对自己的品格和道德负责。只有这样的君子才值得信赖，才能赢得他人的尊重和信任。

东汉时，汝南郡的张劭和山阳郡的范式同在京城洛阳读书。学业结束，二人分别的时候，张劭站在路口，望着长空的大雁说：『今日一别，不知何年才能见面……』说着，流下泪来。范式拉着张劭的手，劝解道：『兄弟，不要伤悲。两年后的秋天，我一定去你家拜望老人，同你聚会。』

两年后的秋天，张劭突然听见长空一声雁叫，牵动了情思，不由自言自语地说：『他快来了。』说完赶紧回到屋里，对母亲说：『妈妈，刚才我听见长空雁叫，范式快来了，我们准备准备吧！』

『傻孩子，山阳郡离这里一千多里，范式怎么来呢？』母亲劝慰道。

张劭说：『范式为人正直、诚恳，极守信用，不会不来。』

张劭的母亲只好说：『好好，他会来，我去打点酒。』

约定的日期到了，范式果然风尘仆仆地赶来了。旧友重逢，亲热异常。张劭的母亲激动地站在一旁感叹地说：『天下真有这么讲信用的朋友啊！』

做人必须从『德』开始，树立自己高尚的道德品德，这样才能成大事。道德、品德关系到一个人的行为动机，是做人的首要问题。从大方面讲，一个人较高的道德修养决定了他的行为是向着有利于社会、集体、他人的方向努力的；反之，缺乏道德观念的人只会对社会、集体、他人造成损害。从小方面讲，一个人只有守住『德』字，才能为自己的人生找到立足点，否则在欺骗别人的同时，也会受到别人的欺骗；在损害他人利益的同时，自己的利益也可能得不到保障。

【原文】

九七 家人有过，不宜暴怒，不宜轻弃。此事难言，借他事隐讽之；今日不悟，俟来日再警之。如春风解冻，如和气消冰，才是家庭的型范。

【译文】

家中有人犯了错，不可随便大发脾气，更不可以冷漠地置之不理。如果有些话不好直截了当地说，可以借助其他事情来婉转地规劝；如果无法立刻使他领悟，就改天再慢慢开导。总之要像春风驱散寒气，像暖流融化坚冰那样循循善诱、和风细雨，这才是真正的齐家之道。

【品读】

对于每一个人来说，家庭是我们出生的地方，也是我们老去长眠的地方。我们会在父母的照顾下长大，会在妻女的陪伴下像我们的父母那样走向衰老，会在天伦之乐中安度晚年，走向死亡。在人生这个角色转换的轮回里，家庭就像一个微型的社会和交际网络，在这里有欢笑和幸福，有悲伤和抚慰，也有争吵和误解。

要走向成功，必须以德立身，这是一个人最应该确立的内在标准。没有这个内在的标准，人生之路就会失去支撑，最终失败将是必然的。在实际生活中，将『道德』两字铭刻在心中，我们将为自己铺平一条通往成功的道路。人生在世，无论是在职场、学校还是社会，凡事应该以信誉为基础。失去信誉、玩弄他人的信任和善良，会让我们的事业、生活和人际搁浅。只有具备了信誉这一良好的资本，我们才能被人信赖，才能在办事时游刃有余，才会有更大的发挥空间。

菜根谭

一个和睦的家庭以幸福、欢笑为主线，以悲伤、抚慰为点缀，并用如春风般的和气化解争吵和误解。但是随着时代的变迁、年龄的增长、家庭的变故，家庭成员之间出现误会隔膜也是件十分正常的事。面对误会和隔膜，不同的处理方式，会有不同的结果。在众多的处理方式中，体谅、和气等美德往往是最能发挥作用的。

在孔门七十二贤人中，有个叫闵子骞的人。这个人幼年丧母，父亲再娶后，他又常受继母忽视和冷落。继母将大部分的时间、精力和爱给了自己的两个亲生儿子，而对闵子骞常常冷言冷语，而且偏心十分严重。

有一年冬天，继母同时给三个孩子做了新的棉袄。在一个大风雪的日子，他们的父亲带着三个孩子外出。四个人一同坐在牛车上，虽然迎着风雪，但是大家都面露喜色。可是随着赶路的时间越来越长，继母的两个儿子只是感觉到微寒缩起了脖子，可是闵子骞虽然也穿了继母给自己做的新棉袄，却感到寒冷难耐，手脚也渐渐失去了知觉，甚至连扶住牛车栏杆的力量都没有了，最后他跌下了牛车，过程中被刮破了。父亲赶忙扶起自己的儿子，却无意中发现从破洞里飘出的芦苇絮。原来继母在给三个孩子缝棉袄时，给自己孩子的用的是棉花，而给闵子骞的则用的是芦苇絮。

父亲气得暴跳如雷，驱车就往回赶，一进门就喊：「你太歹毒了，驱人母亲的怎么可以这么偏心呢？」说着就要把他的妻子往外赶。这时闵子骞却跪在了地上，抱着父亲的腿说：「你就饶了母亲这一次吧。如果母亲走了，就不只我一个人受冻了。」闵子骞的这番话感动了自己的父亲，也感动了他的继母。从此，继母对他视如己出。虽然闵子骞受到过继母不公平的待遇，但是关键时刻，他用自己的爱心挽救了有可能走向破碎的家庭。对重组的家庭来说，体谅和宽容都可以弥合裂缝，更何况是有着血脉联系的家庭呢？

菜根谭

【原文】

九八　此心常看得圆满，天下自无缺陷之世界；此心常放得宽平，天下自无险侧之人情。

【译文】

在一个天性善良、心地纯洁的人看来，天下事物都很美好而没有缺陷；在一个天性忠厚、心胸开阔的人看来，世间人情都很正常而没有险恶。

【品读】

这个世界就像一个有缺口的苹果，如果我们品得这个世界的美味，缺口的苹果也是苹果。人情冷暖本来就不单纯，如果我们用善行、善言温暖寒冷，人生就会变得温暖。

其实，世界本身就不完美，世界上也没有十全十美的人或物，但是，时间并没有因此而停止向前运转。在我们的实际生活中，每个家庭都有自己的问题和苦恼，然而所有的问题和苦恼都不是无以解决的。家庭的和睦需用心营造，亲人之间的心结也要靠宽容、体谅这些美德来解开。面对家人的过错和误解『不宜暴怒，不宜轻弃』，具体说来可以包括三点：

第一，正视家人之间的误会并允许误会的发生。一个误会的发生就意味着要清除一个生活的雷区。弃之不顾，只会给生活埋下隐患。第二，冷静处理，说话要注重分寸，不要动手，更不要轻易发怒，因为这样做只会让误解更深。彼此坐下来好好谈一下，试着从对方的角度来想问题，反而会收效良好。第三，解决问题，要公正，不可有所偏倚。

的脚步。因为，完美出自宽容，挑剔才会有残缺。

俗话说得好：「金无足赤，人无完人。」在生活中，每个人都会做错事。别人自会因此感激我们的理解、包容、反原则、不失大雅、无关紧要的小错误时，我们应该给他人一个机会。因此，当面对他人那些不违大度，从而记住这次的教训，改进提高自己的能力，避免出现类似的错误。由此也会更加体现我们的心胸宽阔，体现我们坦荡容人的博大的胸怀，加深人们之间的情谊。否则，不给他人面子，让别人在公共场合下不了台，那就是做人的失败了。

《国语》记载了这样一个故事：

一次，鲁国大夫公父文伯宴请南公敬叔时，以年高德劭的露睹父为上宾。然而，在上菜的时候，放在露睹父面前的一只鳖，不知怎么，竟比别的客人的鳖小了些。要知道，在极其讲究礼仪和尊卑的古代，把最大的甲鱼给上宾以示尊崇是基本的礼仪，否则就是轻慢无礼。露睹父看着四周的鳖都比自己的大，大为恼火，在众宾客面前大声说：「等这只鳖长大以后再吃罢！」说完便拂袖而去，搞得公父文伯十分尴尬，好好的宴会不欢而散。

在众目睽睽之下，露睹父为了一只鳖的大小，直接翻脸走人，实在是太不给公父文伯的面子了。露睹父这样做的后果就是在两人的关系中竖起了一面无形的墙，彼此生疏起来，甚至达到了仇恨的程度。生活中，每个人身边的很多事情，其实都可大可小、可有可无，人无完人，如果吹毛求疵，总是盯着那些不够好的地方看，势必会让我们的心中充满怨气，而且还会阻碍我们自身水平的提高。而换种方式去了解、包容，反而会同时给双方提供更大的提升空间。

曾经有一位对西点蛋糕有兴趣的女孩。她极为挑剔，无论吃什么西点蛋糕，都会给对方『五星级』的评价：『没什么。』标准之严苛，让大家觉得她挑剔得过火。后来她利用空闲时间拜师学艺，到专业的老师那儿上课，学做西点蛋糕。

过了半年，当她从『西点蛋糕初学班』结业之后，态度有了180度大转变，无论在哪里，品尝谁做的西点蛋糕，她都很认真地研究里面的配方，用什么材料、多少比例，询问烘焙的步骤，讨教、研究成功的关键技巧。

朋友笑着对她说：『你变了。从前是说：「没什么！」现在是问：「有什么？」』

『没错，没错，其实每一件事情一定都「有什么」，差别只在于你有没有观察到它「有什么」而已。』

其实一个人的挑剔往往源于自己的不宽容。人也好、物也好，表面和内里是有差别的，是以挑剔心对待还是怀宽容之心，其结果会有很大的不同。当女孩包容他人手艺的瑕疵，并真正深入内里时，她自己也学到了很多。

当一个人以宽容的心和人相处时，我们会忽视别人无伤大雅的错误，会更多地发现别人的优点，当真正走到深处时，会有更多的感悟。『此心常看得圆满，天下自无缺陷之世界；此心常放得宽平，天下自无险侧之人情』说的就是宽容待人的道理。人也好、物也好，首先看到圆满，把心放宽，生活自然多些完美。当我们想挑剔、苛责别人时首先问问自己是不是还没有在沙子中分辨出珍珠，如果不能，那么静下心来，让自己平和下来，包容一些无关紧要的小错误，忽视无伤大局的缺点。做一个宽宏的人，假装看不见生活中一些疏漏，并设法往好处看，我们的心中就自然会充满喜乐和完满。

菜根谭

【原文】

九九　淡泊之士，必为浓艳者①所疑；检饬之人，多为放肆者所忌。君子处此，固不可少变其操履，亦不可太露其锋芒。

【注释】

①浓艳者：生活奢华的人。

【译文】

性情恬淡的人，必然会被那些热衷于奢华的人怀疑；严于律己、行为检点的人，常被那些邪恶放纵无所顾忌的小人嫉妒。所以一个有才学、有修养的君子，万一不幸处在这种既被猜疑又遭忌恨的环境里，固然不能丝毫改变自己的操守和志向，但也绝不能锋芒毕露。

【品读】

在秦始皇陵兵马俑博物馆，有一尊被称为镇馆之宝的跪射俑。它被誉为兵马俑中的精华、中国古代雕塑艺术的杰作。这座跪射俑左腿蹲曲，右膝跪地，右足竖起，足尖抵地。上身微左侧，双目炯炯，凝视左前方。两手在身体右侧一上一下做持弓弩状。

如今，秦兵马俑坑已经出土，清理各种陶俑一千多尊，除跪射俑外，皆有不同程度的损坏，需要人工修复。而这尊跪射俑是保存最完整的，仔细观察，就连衣纹、发丝都还清晰可见。这究竟为何呢？首先，跪射俑身高只有一百二十厘米，天塌下来有高个子顶着，专家告诉我们，这得益于它的低姿态。当棚顶塌陷、土木俱下时，高大的立姿俑首当其冲，低姿的跪射兵马俑坑都是地下坑道式土木结构建筑，俑受损害就小一些。其次，跪射俑做蹲跪姿，右膝、右足、左足三个支点呈等腰三角形支撑着上体，重心在下，增强了稳定性。

其实处世交友也是这样的道理，守住重心，放低自己的姿态，收敛锋芒，保持和他人适当的距离就能避开意外的伤害，更好地发展自己。相反，为人处世太过卑微或者太过高傲，不仅会错失机会，失去朋友，还有可能给自己招致祸害。

东汉末年，曹魏阵营有两个著名谋士，一是杨修，一是荀攸。杨修自恃才高，处处点出曹操的心事，经常搞得曹操下不了台，曹操『虽嬉笑，心甚恶之』，终于借一个惑乱军心的罪名把他杀了，而荀攸则完全是另一种结局。

荀攸有着过人的智慧和谋略，不仅表现在政治斗争和军事斗争中，也表现在安身立业、处理人际关系等方面。在当时的政治、经济条件下，曹操虽然以爱才著称，但作为封建统治阶级的铁腕人物，铲除功高盖主和有离心倾向的人，却从不犹豫和手软。所以荀攸在平时很注意周围的环境，对内对外、对敌对己的方法，迥然不同。参与谋划军机，他智慧过人，迭出妙策；迎战敌军，他奋勇当先，不屈不挠；但他对曹操、对同僚各有策略，注意不露锋芒、不争高下。总的来说，他总是在需要的时候彰显自己的能力，而在平时则把才能、智慧、功劳尽量掩藏起来，表现得总是很谦卑、愚钝。

因此，他在朝二十余年，能够从容自如地处理政治旋涡中复杂的关系，在极其残酷的人事倾轧中，始终地位稳定，立于不败之地。荀攸在任期间，从来不见有人到曹操处进谗言加害于他，也几乎从未得罪过曹操，或使曹操不悦。这全得益于他收敛锋芒、守住重心的方圆之道。

菜根谭

为人处世,总会遇到各色人、各种事,应对这些,我们应该"不可少变其操履,亦不可太露其锋芒"。一方面不因别人的猜疑、妒忌改变初衷,而是要坚持走自己的路,坚守自己的道德重心,不变操守;另一方面要灵活处世对人,包容有着不同生活态度、处世方式的各色人等,如此我们的生活才能保持平衡和从容。

【原文】

一〇〇 居逆境中,周身皆针砭药石①,砥节砺行②而不觉;处顺境内,眼前尽兵刃戈矛,销膏靡骨③而不知。

【注释】

① 针砭药石:针砭,以石针刺穴治病。药石,治病的药和石针。比喻劝谏良言。② 砥节砺行:磨炼节操和德行。③ 销膏靡骨:指消磨人的意志。

【译文】

处在不顺利的环境中,就好比全身都扎着针、敷着药,在不知不觉中磨练着意志,培养着高尚的品行;处在优越的环境中,好比被各种兵器所包围,不知不觉就被掏空了身体,消磨了锐气。

【原文】

一〇一 生长富贵丛中的,嗜欲如猛火,权势似烈焰。若不带些清冷气味,其火焰不至焚人,必将自烁矣。

【译文】

生活在富裕而显赫的环境中,容易使人的欲望像火一样猛烈,权势如烈焰一样灼人。如果不能冷静地思考,及时回头,那么这些邪恶之火,不是伤了别人,就是毁灭了自己。

【品读】

无论是治学、立身还是工作,也不管我们是平民百姓还是达官显贵,都需要以一种淡泊、理智的心态去应对财富与名利。

如果把富贵比作一团火的话,那么淡泊、理智的心就是给火降温的水。当一个人的心中燃起富贵的火时,如果没有淡泊和理智的降温控制,火势就会蔓延、甚至无法控制,这样不仅会烧伤自己,还会灼伤别人。

有一个人家徒四壁,家中连一张床也没有,他和妻子每天晚上只能打地铺。除了穷,这个人还很吝啬。他认为自己之所以吝啬,是因为太穷了。

他向佛祖祈祷:"如果我发财了,我绝对不会像现在这样吝啬。"

佛祖看他可怜,就给了他一个装钱的口袋,说:"这个袋子里有一个金币,当你把它拿出来以后,里面又会有一个金币,但是当你想花钱的时候,只有把这个钱袋扔掉才能花。"

那个穷人就不断地往外拿金币,整整一晚上没有合眼,他家地上到处都是金币。这一辈子就什么也不做,这些钱也足够他花了。但是他并没有像当初祈祷的那样不再吝啬,反而变得更加一毛不拔。可是当他富有的时候,却对妻子不闻不问,甚至不允许妻子碰他拿出来的金币。他每天的生活内容就是不吃不喝地一直往外拿金币。无所有时,他对妻子还能尽心呵护。

其实，他也想过停止拿钱，可是临到决断的时候却对自己说："我不能把袋子扔了，钱还在源源不断地出来，还是让钱更多一些的时候再把袋子扔掉吧！"到最后，他的妻子因为生病无人照料而先他而去。他自己也因为长时间不进食而精疲力竭，虚弱得连把钱从口袋里拿出来的力气都没了，但是他还是不肯把袋子扔了，终于死在了钱袋的旁边，屋子里装的都是金币。

佛祖怜悯这个穷人，赐予他想要的财富，他却不能控制住自己内心的贪欲。结果对财富的贪图不仅埋葬了他自己，还葬送了他的妻子。

当一个人无法自制地去追求富贵时，欲念的火就会烧伤心灵、殃及他人。这不仅会给我们造成心理上的负担，也为自己带来痛苦。相反，时时给追求富贵的欲念降降温，让我们的欲念和理智加以调和，就可以避免这样的悲剧。

对于富贵我们应该有一个清醒的认识。富贵能为人心灵的满足提供多种手段和工具，但是绝不是唯一能够满足人心灵的东西。当我们没有得到富或贵时，不过分奢求富贵，享受当下的生活，自得人生真趣。当我们凭自己的努力得到富贵时，"带些清冷气味"，保持一颗冷静、淡泊的心，财富和权势就会让我们既拥有高质量生活，也不会对他人造成威胁和伤害。

【原文】

一〇二 人心一真，便霜可飞①，城可陨②，金石可贯。若伪妄之人，形骸徒具，真宰③已亡，

对人则面目可憎，独居则形影自愧。

【注释】

① 霜可飞：《太平御览》引《淮南子》：邹衍事燕惠王，左右谮之王，王系之狱，仰天哭。夏五月，天为之霜。② 城可陨：刘向《列女传》：齐杞梁殖战死，其妻哭于城下，十日而城崩。③ 真宰：指万物的主宰，上天。

【译文】

只要人心诚，就可以感动上天，夏天可以飞霜，城堡可以摧毁，就连坚硬的铁石都可以贯穿。像那些虚伪奸诈的小人，空有人的躯壳，灵魂已经死亡，别人见了会感到他面目可憎，自己一人独处则自惭形秽，备受良心的谴责。

【品读】

我们都是平凡人，没有呼风唤雨的本事，没有翻手为云覆手为雨的神通，我们勤勤恳恳地努力着，踏踏实实地工作着。大多数人在工作伊始都有着炙热的激情、宏伟的目标，而后却被残酷的现实渐渐磨去了棱角，于是忘了最初的梦想。

有一些人，一开始就认定了自己平凡无奇，于是也不去做什么大人物的梦想，只是安安静静脚踏实地做好手头上的工作，数十年如一日，最终笑傲职场。就好像竹子一样，头三年默默无闻，埋头苦干，根扎足了，入地够深了，一夜春雨，迎来了蓬勃喷发的事业之潮。这便是精诚所至，金石为开。

一群贫苦的僧侣由于无法分别独资供养佛陀，便聚在一起希望凑资供养佛陀。这群僧侣中有一位叫慧

菜根谭

心的和尚实在太过贫苦。他家徒四壁，根本无法提供和其他僧侣一样多的钱。但是，他对此次供养佛的活动十分执着，于是便想了一个方法。

这天，慧心到一位长者家里应聘当帮佣。其间他抓紧机会向长者借了一些钱，并承诺十天内还清。长者很快借给了他。可是当慧心拿着钱赶到大家的集合点准备奉上自己的心意时，却被告知，供养佛陀的钱已经凑齐，不再需要他了。

慧心十分抑郁，无奈之下他只能每天不断地祈求佛，期望有机会供养佛祖，以完成自己的心愿。也许正是他的精诚之心起了作用，当晚，慧心就梦见佛祖对他说，他的愿望在天亮后就可以得到实现。

第二天，慧心用他在长者那里借来的钱准备了丰富的供品，期待佛陀到来接受他的供养。果然，佛陀带着其他几位佛祖出现在了他的门前。慧心无比欢喜，于是便对佛陀说：『这次有机会供养您，我已心满意足。但是，这些饭还不够。』

佛陀说：『足够的，你拿这些钵去盛吧。』

慧心便一钵一钵地往外盛食物。令人惊讶的是，他的食物竟然盛满了每一个佛祖的钵。这时，佛陀说：

『虽然你在过去缺少神福缘，但由于你的虔诚，你的今生和来生都已经福量无穷。』

『精诚』实际上指的是我们对待事业的一种态度，对事业的执着程度。有些人尽管能力并不出众，但他们凭着一颗『精诚』的心，在岗位上尽其所能。一念至诚，最终得偿所愿。

这便是『人心一真，便霜可飞，城可陨，金石可贯』的道理。一颗虔诚的心可以带来无穷的力量，即发多大愿，就有多大力量。因此，无论是在工作还是在平日的生活中，我们都要对所做的事情保持一颗虔

菜根谭

【原文】

一〇三 文章做到极处，无有他奇，只是恰好；人品做到极处，无有他异，只是本然①。

【注释】

① 本然：本来如此。

【译文】

文章写到登峰造极的境界时，并没有什么特别奇妙的，只是把内心的思想感情表达得恰到好处而已；一个人的修养如果达到了炉火纯青的境界，并没有什么令人惊异之处，只是使自己的精神回到纯真的本性而已。

诚之心，将这种『精诚』之心作为我们生活的先导。

持之以恒、表里如一的虔诚之心是所有成就伟业者的共同性格特征。他们可能在其他方面有所欠缺，可能有许多缺点和古怪之处，但是对一个成功者来说，『人心一真』，便有千种可能。不管遇到多少反对，不管遭到多少挫折，成功者总是能坚持下去，最终等到『霜可飞，城可陨，金石可贯』的奇迹。所以我们应该从他们身上领悟成功的秘诀：如愿从事了自己喜欢的工作，就善始善终地做好，即便辛苦，也不打退堂鼓；如果想超越平凡，哪怕独处时，也不放弃曾经定下的目标和原则；无论身处何境，我们不能轻易说放弃，而是要始终保持虔诚之心。

菜根谭

【原文】

一〇四 以幻迹言，无论功名富贵，即肢体亦属委形①；以真境言，无论父母兄弟，即万物皆吾一体。人能看得破，认得真，才可以任天下之负担，亦可脱世间之缰锁。

【注释】

①委形：赋予形体。

【译文】

从虚幻的角度来说，无论功名富贵，甚至躯体本身都不过是自然界一种暂时的形态，父母兄弟，甚至世上万物都是自然的一部分。人如果能看清物质世界的本质，认清真相，那么不仅可以挑起治理天下的重任，而且可以不受一切世俗枷锁的约束。

【原文】

一〇五 爽口之味，皆烂肠腐骨之药，五分便无殃；快心之事，悉败身丧德之媒，五分便无悔。

【译文】

美味可口的佳肴，也可能是伤害肠胃、筋骨的毒药，只有掌握分寸，只吃到五成饱才没有危害；令人身心愉悦的事，也可能是导致身败名裂的媒介，只要不放纵自己，限定在五成便不会有大的过失。

【品读】

我们往往都有这样的体会，再美味爽口的食物，隔三岔五地吃就会腻，反而是偶尔吃一次才会特别的香；

再美的景致，如果经常游览就会索然无味。其实我们只要从这些生活的点滴处细心体悟，就会领悟越是自己心仪的东西越是要保持适度的原则。

吃腻了的时候，我们可以选择不吃。住烦了的时候，我们可以选择搬离，但是如果我们在为人处世时犯了这样的错误，就远不是换饭吃、换地方住就可以解决的了。正如古人云：「恩不可过，过施则不继，不继则怨生；情不可密，密交则难久，中断则有疏薄之嫌。」要懂得把握生活的度，适可而止，才不会做出无法挽回的事。

有一回，孔子带领弟子们在鲁桓公的庙堂里参观，看到一个特别容易倾斜翻倒的器物。孔子围着它转了好几圈，左看看，右看看，还用手摸摸、转动转动，却始终拿不准它究竟是干什么用的。于是，就问守庙的人：「这是什么器物？」守庙的人回答说：「这大概是放在座位右边的器物。」

孔子恍然大悟，说：「我听说过这种器物。它什么也不装时就倾斜，装物适中就端端正正的，装满了就翻倒。君王把它当作自己最好的警戒物，所以总放在座位旁边。」孔子忙回头对弟子说：「把水倒进去，试验一下。」

子路忙去取了水，慢慢地往里倒。刚倒一点儿水，它还是倾斜的；倒了适量的水，它就正立；装满水，松开手后，它又翻了，多余的水都洒了出来。孔子慨叹说：「哎呀！我明白了，哪有装满了却不倒的东西呢！」

子路走上前去，说：「请问先生，有保持满而不倒的办法吗？」孔子不慌不忙地说：「聪明睿智，用愚笨来调节；功盖天下，用退让来调节；威猛无比，用怯弱来调节；富甲四海，用谦恭来调节。这就是损抑过分，达到适中状态的方法。」

子路听得连连点头，接着又刨根究底地问道：『古时候的帝王除了在座位旁边放置这种鼓器警示自己外，还采取什么措施来防止自己的行为过火呢？』

孔子侃侃而谈道：『上天生了老百姓又定下他们的国君，让他治理老百姓，不让他们失去天性。有了国君又为他设置辅佐，让辅佐的人教导、保护他，不让他做事过分。因此，天子有公，诸侯有卿，卿设置侧室之官，大夫有副手，士人有朋友，平民、工、商，乃至干杂役的皂隶、放牛马的牧童，都有亲近的人来辅佐。有功劳就奖赏，有错误就纠正，有患难就救援，有过失就更改。自天子以下，人各有父兄子弟来观察、补救他的得失。太史记载史册，乐师写作诗歌，乐工诵读箴谏，大夫规劝开导，士传话，平民提建议，商人在市场上议论，各种工匠呈献技艺。各种身份的人用不同的方式进行劝谏，从而使国君不至于骑在老百姓头上任意妄为，放纵他的邪恶。』

众弟子听罢，一个个面露喜悦之色。他们从孔子的话中明白了一个道理：在任何情况下，人们都要调节自己，使自己的一言一行合乎标准，不过分，也不要达不到标准。

中庸，在孔子和整个儒家学派里，既是很高深的学问，又是很高深的修养。追求恰到好处、适可而止，这是做人处世的一种境界，一种哲学观念。

生活中的任何事情都要讲究一个『度』，比如吃饭，餐餐最好吃到恰到好处，不要因饭菜不好而饿肚子，也不要因饭菜特好而把肚皮撑得鼓鼓的，适可而止，就能保持健康。在工作、学习中，求上进固然是件好事，但是不懂得劳逸结合，就会影响效率。对于自己想要的东西，如名利、荣誉，要把握住欲望的收纳口，否则就会过犹不及。

【原文】

一〇六　不责人小过，不发人阴私，不念人旧恶。三者可以养德，亦可以远害。

【译文】

不轻易责难他人所犯的小过失，也不要随随便便张扬别人的隐私，更不要对他人以往的错处耿耿于怀。这三条做人的原则，既可以培养自己良好的品德，又可以避免意外的灾祸。

【品读】

《新唐书》有一则武则天与狄仁杰的故事：武则天称帝后，任命狄仁杰为宰相。有一天，武则天问狄仁杰："你以前任职于汝南，有极佳的表现，也深受百姓欢迎。却有一些人总是诽谤诬陷你，你想知道详情吗？"

狄仁杰立即道："陛下如认为那些诽谤诬陷是我的过失，我当恭听改之；若陛下认为并非我的过失，那是臣之大幸。至于到底是谁在诽谤诬陷，如何诽谤，我都不想知道。"武则天闻之大喜，推崇狄仁杰为仁师长者。

做人难，难在如何面对别人不当的言行。狄仁杰被认作武周一代名臣，是很有道理的，从这段文字中我们也可以窥出几分。流言止于智者，真正有智慧的人是不会被流言中伤的。因为他们懂得用沉默来对待那些毫无意义的流言诽谤，从这个层面上来看，他们的沉默就是一种胸襟，这种胸襟就是养德远害的方法，

这就是『有福不可尽享，有事不可做尽』的道理。

所在。

与这种胸襟相对的是狭隘。在现实生活中，遇到别人的误解、诽谤甚至攻击，我们如果迎着这些冲上去是不明智的，会让自己因为它们沉浸在莫名的困扰和心烦中。而且，我们如果不克服这种狭隘的心理，就会在琐碎的烦恼中不断压缩美德升华的空间，从而让自己的人生失去延展的可能性。

晋朝的陈寿曾在《三国志·蜀书·秦宓传》中写道：『记人之善，忘人之过。』意思是说：人有恩于我，不可忘；人有怨于我，不可不忘。古人告诫我们要以最真的诚意牢记善行和义举，以最大的宽容和忍耐忘却仇恨。这是一种积极的人生态度，更是一种可贵的待人之道。

在现实生活中，由于每个人思考角度不同，难免有一些误会、摩擦，或因一时迷于名利，办了糊涂事。如果我们不能忘记他人的过失，一直心存怨恨，不但对身体无益，影响健康，而且自己也始终活在怨恨的阴影里，小则纠缠于日益紧张的人际关系中，大则冤冤相报，困在不断升级的恶斗之中，伤身害命。

其实，除了这种做法，我们还可以选择放开心胸，宽容待之。所谓浊者自浊、清者自清。为人处世，『不责人小过，不发人阴私，不念人旧恶』，不仅会让对手和敌人化为己用，而且当我们有这种美德时，我们就向更加成熟的自己靠近了一步。

在我们生活的世界上，从来没有永远平静的大海，再好脾气的人也或多或少地会有和别人发生口角和争执的时候，这个时候如果针尖对麦芒地应对只会让整个人生陷入悲伤的循环中。只有宽容、接纳不如意，继续往前走，才能摆脱这种循环。恢宏大度，胸无芥蒂，才能吐纳百川，既养德又远害。

【原文】

一〇七 士君子持身不可轻，轻则物能挠我，而无悠闲镇定之趣；用意不可重，重则我为物泥①，而无潇洒活泼之机。

【注释】

①泥：拘执，不变通，受制于……

【译文】

君子平日立身处世不可太轻浮急躁，太轻浮了，外界因素就会干扰志向，从而失去悠闲宁静的情趣；处理事情不可思前想后想得太多，不然就会受到外界制约，丧失灵活性。

【品读】

孔子有语：『苟正其身矣，于从政乎何有？不能正其身，如正人何？』意思是说己正才能正人，假使自己不能端正做榜样，是不能够真正地辅正别人的。作为一个有为之人，如果不能首先将自己的行为端正，便也谈不上去约束和领导别人。

一个修身养性的人，培养自律、自制的意识是正身、正德的第一步。而『正』的标准首先是良知，其次便是公认的道德、处事标准。用自己的良知与处世标准，同时规束自我的言行，才能减少自己的过失，无愧于心。自我约束是减少错误的最有力的道德力量，一个人做了违背道德、违反信义的事情，首先受到的是来自于内心的惩罚。

很久以前，有一个人打算从邻居家的麦田中偷一些即将丰收的麦子，他心里盘算着，如果从每块田中

菜根谭

都偷一点，别人不会察觉到，但是加起来数目非常可观。于是，他在一个夜晚，偷偷带着年幼的女儿离开家。

"孩子，"他压低声音说道，"你帮爸爸看着，如果有人来就小声叫我一声。"

随后，此人溜进第一块麦田，开始收割，刚过一会儿，女儿就轻声喊他："爸爸，有人看到你了！"

这人慌忙向四周看了看，但是一个人也没有看到，于是他把割下的麦子捆起来，又走进第二块麦地。"爸爸，有人看到你了！"女儿又悄声喊道。这人心惊胆战，停下来向四周张望，但还是什么人也没看到。他又收拾了麦子，来到第三块麦地。过了一会儿，女儿大声叫道："爸爸，有人看到你了！"这人又一次停手，环顾四周，但还是什么人也没有看到，于是他把割下的麦子捆好，然后溜进最后一块麦地。"爸爸，有人看到你了！"女儿又叫了起来。这人停止收割，四下望去，一个人影也不见。"你为什么总是说有人看到我了？"他愤怒地质问女儿，"四下里连个人影都没有。""爸爸，"那孩子低声说道，"有人从天上看到你了。"

每个人的心中都有另一个"我"在看着我们，缺斤少两的事，无论别人知不知道，自己的道德栅栏永远立在那里。人生当中的选择有很多，但是心灵的抉择就只有两面，一日善，一日恶，我们倾向哪一边，哪一边就占了主导。人人皆知，做事先做人，正人先正己，反之亦然。挑选哪一面，不言而喻。

古语说：以约失之者，鲜矣。"约"指约束、检束、小心、谨慎，要时刻约束自己。在现实生活中，谨慎的人往往比轻率躁进的人少过失、少出错，讲话随便的人常常更容易失信。所以一个人在为人处世时，要时常给自己安个过滤网，对自己的所言所行及时进行过滤，才不会说出让自己后悔的话，做出无可挽回的事。

个人道德能时刻自我约束、自我管理固然是件好事,但是自律也是一件需要拿捏的事,如果把控不好,对自己要求太苛刻就会陷入『我为物泥,而无潇洒活泼之机』的境地,反而会适得其反。

【原文】

一〇八　天地有万古,此身不再得；人生只百年,此日最易过。幸生其间者,不可不知有生之乐,亦不可不怀虚生之忧。

【译文】

天地的运行永恒不变,而人的生命却只有一次；人活在世上只有短短不到百年,每一天都是转瞬即逝。有幸降生在这个世界上,不能不享受生活的乐趣,也不可不随时提醒自己不要蹉跎岁月,虚度一生。

【品读】

新年的夜晚,一位老人伫立在窗前。他悲戚地举目遥望苍天,繁星宛若玉色的百合漂浮在澄静的湖面上。

老人又低头看看地面,几个比他自己更加无望的生命正走向它们的归宿——坟墓。

老人在通往那个地方的路上,已经消磨掉六十个寒暑了。在那旅途中,他除有过失望和懊悔之外,再也没有得到任何别的东西。他老态龙钟,头脑空虚,心绪忧郁。

年轻时代的情景浮现在老人眼前,他回想起那庄严的时刻,父亲将他置于两条道路的入口——一条路通往阳光灿烂的升平世界,田野里丰收在望,柔和悦耳的歌声四方回荡；另一条路却将行人引入漆黑的无底深渊,从那里流出来的是毒液而不是泉水,蟒蛇到处蠕动,吐着舌箭。

菜根谭

明刻本菜根谭

一九

菜根谭

老人仰望夜空，苦恼地失声喊道：『时间回来吧！把我重新放回人生的入口吧，我会选择一条正路的！』

可是，他自己的黄金时代早已一去不复返了。

他看见天空中一颗流星陨落，消失在黑暗之中，那是他自身的象征，徒然的懊丧像一支利箭射穿了老人的心脏。他记起了早年和自己一同踏入生活的伙伴们，他们走的是高尚、勤奋的道路，在这新年的夜晚，载誉而归，无比快乐。

远山的钟声鸣响了，钟声使他回忆起儿时双亲对他这浪子的疼爱。他想起了困惑时父母的教诲，想起了父母为他的幸福所进行的祈祷，强烈的羞愧和悲伤使他不敢再多看一眼父亲居留的天堂。老人的眼睛黯然失神，泪珠儿潸然坠下，他绝望地大声呼唤：『回来，我的青春！回来呀！』

老人的青春真的回来了。原来，刚才那些只不过是他在新年夜晚打盹时做的一个梦。尽管他确实犯过一些错误，眼下却还年轻。他虔诚地感谢上天，时光仍然是属于他自己的。他还没有坠入漆黑的深渊，还可以自由地踏上那条正路，进入福地洞天，丰硕的庄稼在那里的阳光下起伏翻浪。

不要以为自己还年轻就可以浪费光阴，不要以为寻求自由就随心所欲，这是非常危险的。如果这样，等你有一天突然醒悟，会发现自己虚度了太多，失去了太多，到时后悔为时晚矣。

生命的入口只有一个，进入也只能进入一次，且时间短暂。为了活出生命的价值不能不知道如何拥有生命的乐趣，也不能不时常担忧是否会虚度一生。

其实，我们可以在很多方面发掘生活的乐趣，也可以在很多方面多加些努力来避免虚度。所以，在工作、学习时，抓紧时间、提高效率，趁自己还一种莫大的幸福，学会珍惜才不会让生命贬值。

年轻把人生的基础夯实;闲暇时,珍惜和家人、朋友相处的时间,并尽力维护彼此之间的感情,人生的乐趣才不至于被荒废;一个人时,或置身自然,或静思关心,用自然之灵气养身,用自省之智慧养心。『有生之乐』和『虚生之忧』就会共同推进人生进程。

一〇九

【原文】

怨因德彰①,故使人德我,不若德怨之两忘;仇因恩立,故使人知恩,不若恩仇之俱泯②。

【注释】

①彰:彰显,凸显。②泯:消灭。

【译文】

想获得赞美而行善,不如把赞美和怨恨都忘掉;恩惠不可能遍施于人,所以施恩与其希望图报,不如把恩惠与仇恨都消除。

【品读】

在一次战争中,一小支军队在森林中与敌军相遇,激战后两名士兵与军队失去了联系。这两名战士来自同一个小镇。

两人在森林中艰难跋涉,他们互相鼓励、互相安慰。十多天过去了,他们仍未与军队联系上。这一天,他们打死了一只鹿,依靠鹿肉又艰难度过了几天。也许是战争使动物四散奔逃,这以后他们再也没看到任

菜根谭

何动物。他们仅剩下的一点鹿肉，背在年轻战士的身上。这一天，他们在森林中又一次与敌人相遇，经过再一次激战，他们巧妙地避开了敌人。

就在自以为已经安全时，只听一声枪响，走在前面的年轻战士中了一枪，幸亏伤在肩膀上。后面的士兵惶恐地跑了过来，他害怕得语无伦次，抱着战友的身体泪流不止，并赶快把自己的衬衣撕下以包扎战友的伤口。

晚上，未受伤的士兵一直念叨着母亲的名字，面无血色。他们都以为熬不过这一关了，尽管饥饿难忍，可他们谁也没动身边的鹿肉。天知道他们是怎么度过那一夜的。第二天，他们奇迹般地得救了。

事隔30年，那位受伤的战士说：『我知道谁开的那一枪。在他抱住我时，我碰到他发热的枪管。我怎么也不明白，他为什么对我开枪？但当晚我就宽恕了他。

我知道他想独吞我身上的鹿肉，我也知道他想为了母亲而活下来。此后30年，我假装根本不知道此事，也从不提及。战争太残酷了，他母亲还是没有等到他回来，我和他一起祭奠了老人家。那一天，他跪下来，请求我原谅他，我没让他说下去。我们又做了几十年的朋友，我宽恕了他。』

这个受伤的战士明明知道是自己的战友为了独吞鹿肉而想开枪打死自己，但是他也知道这一枪承载了一颗孝心，所以他选择了宽恕和沉默，并维持了他们之间几十年的友谊。

其实，每一个人都有值得他人同情和原谅的地方，宽恕别人所不能宽恕的，是一种大德和大智慧。

以仇恨对抗仇恨，以抱怨对抗抱怨，以恨对恨，互相敌视的双方永远都不会拨开灰色的心绪。当我们以善行感化仇恨，用恩德融化抱怨时，就会让仇恨和抱怨向相反的方向转化，这样世界上就有了包容、感

恩与和谐。

在这个世界上,怨因德彰,仇因恩立,不去在意我们给他人的恩德,不去对抗别人给我们的仇怨。在现实生活中,与人相处难免会有摩擦,有时候甚至会因为利益问题而彼此抱怨、仇恨、出卖。在这个时候,只有领悟了此番道理,我们才能真正不被烦恼所侵扰,不为仇恨所伤害。生活像流水一样,会带来很多恩惠,也会带走很多仇怨,静观这些来来去去,自然也就了解了德怨两忘,恩仇俱泯的为人处世之道。

一一〇

【原文】

老来疾病,都是壮时招的;衰后罪孽,都是盛时作的。故持盈履满①,君子尤兢兢②焉。

【注释】

①持盈履满:已达最好程度的美满的物质生活,指守住成业,保持完整。②兢兢:谨小慎微。

【译文】

老年时百病缠身,是年轻时不注意爱护身体所致;衰败后所遭受的种种苦难,是兴盛时作孽的报应。所以当功成名就、事业达到顶峰之际,君子要特别小心谨慎。

一一一

【原文】

市私恩①不如扶公议;结新知不如敦旧好;立荣名不如种隐德;尚奇节不如谨庸行②。

菜根谭

【注释】

①市私恩：用小恩小惠收买人心。②庸行：平常行为。

【译文】

一个人与其用小恩小惠收买人心，还不如以光明磊落的态度去争取社会大众的舆论；一个人与其攀缘结交很多新朋友，还不如进一步增进与老朋友的友情；一个人与其沽名钓誉想办法提高自己的知名度，还不如在暗处多积一些德行；一个人与其标新立异去显示名节，还不如平日谨言慎行多做一些平常的好事。

【原文】

一一二 公平正论，不可犯手①。一犯则贻羞万世；权门私窦②，不可着脚，一着则玷污终身。

【注释】

①犯手：违犯。②私窦：私门，暗行请托之门。

【译文】

凡是大众公认的规范，不可以触犯，一旦触犯，就会落个千古骂名；凡是权贵营私舞弊的事情，不可以涉足，一旦涉足就会终身洗刷不清。

【原文】

一一三 曲意而使人喜，不若直躬而使人忌；无善而致人誉，不若无恶而致人毁。

【译文】

与其靠阿谀逢迎求取别人欢心，还不如刚正不阿而遭小人忌恨；与其享受那些名不副实的荣誉，还不如一生没有任何恶行而遭小人毁谤。

【原文】

一一四 处父兄骨肉之变，宜从容不宜激烈；遇朋友交游之失，宜剀切①不宜优游②。

【注释】

①剀切：切合事理。②优游：犹豫不决。

【译文】

遇到父兄骨肉之间发生纠纷，应当心平气和，不能言辞激烈；遇到朋友结交上坏人，要恳切地规劝，指出利害，不能犹豫不决地旁观。

【品读】

当父母兄弟、骨肉至亲发生矛盾时，我们应该保持沉着、从容的态度，不能因感情用事而变得冲动，做出过激的事情，最终把事情弄得更加无法收拾；好朋友之间如果有什么过失，就应该直言不讳地诚恳劝阻，绝对不能因为是朋友就不好意思直说，从而保持沉默，眼睁睁地看着他继续错下去。救人于危难之间，是一个人难得的品质，不仅能够帮助别人，也能够迎来别人的尊重。这正是《菜根谭》的『处父兄骨肉之变，宜从容，不宜激烈；遇朋友交游之失，宜剀切，不宜优游』这句话的奥妙之处。

菜根谭

人的一生不可能一帆风顺，难免会碰到失利受挫或面临困境的情况，这时候最需要的就是别人的帮助，雪中送炭会让原本无助的人记忆一生。人们总是可以敏感地觉察到自己的苦处，却对别人的痛处缺乏了解。他们不了解别人的需要，更不会花工夫去了解。

骆统，三国时期吴国会稽（治所在今江苏苏州）人，他的父亲为袁术所害，母亲改嫁做了华歆的妾。骆统八岁那年，跟随一位亲戚从母亲那里回老家会稽，母亲为他送行。骆统拜辞了母亲，头也不回地走了。母亲哭得很伤心。车夫对骆统说：『老夫人还在那里伤心落泪呢，你回去劝慰一下吧。』骆统说：『我就是为了不增加母亲的痛苦和思念才不回头劝慰的。』

有一年闹饥荒，粮食歉收，乡邻及远方的亲友们缺吃少穿，生活非常困难。骆统很想救济他们，但是家中又没有那么多的粮食，因此终日悲伤，不思饮食。他的姐姐仁爱有德行，因为丈夫刚去世，暂时回娘家居住。她见弟弟天天满脸戚色，饭量日减，便问他有什么为难之事。骆统说：『乡邻、亲友都没有粮食吃，我哪里忍心独自吃饭呢！』姐姐说：『原来是因为这件事，你为什么不早告诉我，而把自己折磨到这等地步呢？』她就把自己家中的粮食拿出来送给骆统，又把这事告诉了母亲，母亲很是称赞姐弟俩的义行。骆统把粮米全部分送给乡邻，帮助他们度荒自救。乡邻们很是感激，骆统也因此美名传布乡里。

虽然很少有人能做到像骆统这样『人饥己饥，人溺己溺』的境界，但我们至少可以随时体察一下别人的需要，时刻关心朋友，帮助他们脱离困境，当朋友身患重病时，多去探望，多谈谈朋友关心、感兴趣的话题；当朋友遭到挫折而沮丧时，给予鼓励：『这次失败了没关系，下次再来。』当朋友愁眉苦脸，郁郁寡欢时，亲切地询问他们。这些适时地安慰会像阳光一样温暖受伤者的心灵，给他们希望。

一九八

患难之中见真情，无论是亲人，还是朋友，当其遇到变故，或是身处逆境之时，不能够不闻不问，也不能够感情用事，而应该从容处变，恳切待人，也是为人的一种责任。

【原文】

一一五　小处不渗漏，暗处不欺隐，末路不怠荒，才是个真正英雄。

【译文】

做人做事必须处处小心谨慎，就是细微的地方也不可粗心大意；即使在没人听见、看见的地方，也绝对不可以做见不得人的坏事；尤其是处于穷困潦倒不得意的时候，仍旧不要忘掉奋发向上的雄心壮志。这样的人才真正算是有所作为的英雄。

【品读】

对于世间万物来说，大与小的概念都不尽相同。地球很大，但跟银河系比起来就是九牛一毛了；一片树叶很小，但对于一只蚂蚁来说它就是一个巨大的广场了。在很多人看来，成功就是做大事，但同时又不屑于做小事。俗话说，一屋不扫何以扫天下，同样的道理，小事不做何以成大事！

一个人的成败得失常在小处、暗处，它往往是被人们忽略的。大事虽然大，但也要从小事做起，把小事做到极致了，自然成就大事。一粒米藏须弥山，许多不起眼的人、事、物有着不可限量的能量。小砂石可以建高楼；小火星可以燎原；微笑可以散播欢喜与爱，所以，『小』中往往蕴含无穷的力量。任何一小步都有可能成就前途的一大步，再小的事情如果能够做到极致也能成就大事。

菜根谭

按照辽朝惯例，凡是皇帝乘车经过的地方，地方长官都要进贡。辽圣宗耶律隆绪到云中打猎，当地的节度使向圣宗进言："我们境内没有什么其他的特产，只有幕僚张俭算得上是当世俊杰，我想推荐他为皇上效力。"圣宗于是召见张俭。当圣宗向他询问治国之道时，张俭谈到了三十多件事。从此受到圣宗赏识，待遇也很优厚。

张俭只穿一般的绸子衣服，吃饭时菜也很少，将每月节余的俸禄，送给有困难的亲朋故友。有一年正值冬天，张俭在偏殿奏事，皇帝见他的衣袍又脏又旧，就暗自让宫中侍者在衣袍上用火夹子烫了一个孔作为记号，后来多次见他穿这件袍子。皇帝纳闷，问他原因，张俭回答："我穿这件袍子已经三十年了，舍不得换它。"皇帝怜悯他，就让他到内务府任意拿取布料去做新衣，张俭只拿了三端（二丈为一端）布就出来了。皇帝见后，甚是高兴，也因为这件事，从此之后更加敬重他了。

张俭在为人处世上，即使在穿衣这样的小事上也坚持自己的操守，让别人找不到一点岔子，也因此深得皇帝的敬重。

在生活中，很多人不注重小事，认为那些鸡毛蒜皮的事老是由自己去关注，岂不是太"掉价"了。其实，小事也蕴含做人做事的大道理，如果连小事你都不能认真对待，又怎么能做好大事呢？况且大事其实也是由小事累积而成的。

有做小事的精神，就能产生做大事的气魄。不要小看做小事，只要有益于工作、有益于事业，人人都应从小事做起。用小事堆砌起来的事业才是坚固的，用小事堆砌起来的长城才牢靠。千里之行，始于足下；合抱之木，生于毫末。欲行千里，想成大树，就从脚下开始，从毫末做起。不屑于平凡小事的人，即使他

二〇〇

的理想再壮丽，也只能是一个五彩斑斓的肥皂泡。想要壮志凌云，必须脚踏实地，专注于小事。

【原文】

一一六　千金难结一时之欢，一饭竟致终身之感。盖爱重反为仇，薄极反成喜也。

【译文】

人与人之间相处，有时用千两黄金相赠，都难以维持短暂的亲密；而有时给人吃一顿饱饭，竟能让人终生难忘。可见过分爱重反而容易导致仇怨，人在穷困潦倒时对于他人的些许好处都会铭心刻骨。

【原文】

一一七　藏巧于拙，用晦①而明，寓清于浊，以屈为伸，真涉世之一壶②，藏身之三窟也。

【注释】

①晦：昏暗不明。②壶：壶奥，用以比喻事理的奥秘精微。

【译文】

做人宁可装得笨拙一点，不可显得太聪明；宁可收敛一点，不可太锋芒毕露；宁可随和一点，不可太自命清高；宁可退缩一点，不可太激进。在现实中，这些都是处理世事的法宝。

菜根谭

一一八

【原文】

衰飒的景象，就在盛满①中，发生的机缄，即在零落②内。故君子居安宜操一心以虑患，处变当坚百忍以图成。

【注释】

①盛满：志得意满。②零落：不景气，衰落。

【译文】

衰败往往早在志满意得的时候就种下了祸根，一种机运的转变多半是在失意的时候就种下了善果。所以君子处在安逸的环境中，要保持清醒，以便防备可能发生的危难；在风云变幻的环境下，要拿出毅力咬紧牙关继续奋斗，以便取得事业最后的成功。

【品读】

『人无远虑，必有近忧』，出自《论语·卫灵公》。意思是说：一个人如果做事情鼠目寸光，不是深谋远虑，那么他一定会遇到很多困扰。这个道理很多人都理解，但是真正要去决定一件事情的时候，却经常犯了目光短浅的错误。

人生的每一步都是一道选择题，每一个选项通向的是不同的道路，一步走错，就有可能陷入歧途。因此，面对人生这条路，不可只为了眼前的小利而过分执着，需要有大眼光、大智慧，看得长远，未雨绸缪，自然会一生顺遂，有所成就。

《菜根谭》提出：『衰飒的景象，就在盛满中，发生的机缄，即在零落内。故君子居安宜操一心以虑患，处变当坚百忍以图成。"衰败零落的景象往往就潜藏在鼎盛的状态中,气运转变的种子多半是在零落时就已种下。所以君子在平安无事时就应该保持着一份防范忧患的理智,即便身处变乱之中,也应该坚守忍耐之心,以求最终的成功。

确实如此,我们在决定一件事的时候一定要深思熟虑,从长远考虑,否则有可能因一个错误的决定而后悔一生。

宋真宗时,后宫李妃生子,就是后来的宋仁宗。当时正得宠的刘皇后无子,宋真宗便命刘皇后认仁宗为子。

仁宗长大后,以为自己是皇后亲生。宫中人畏于皇后威严,没人敢对他说明真情。宋真宗去世,仁宗即位,刘太后垂帘听政,大家更不敢对仁宗讲明。

后来李妃病死,刘太后想把葬礼办得简单些,以免引起仁宗的疑心。宰相吕夷简却反对,说:"李妃应该厚葬。"刘太后厉声问吕夷简:"李妃不过是先帝的普通嫔妃,为何要厚葬?况且这是宫里的事务,你身为宰相,多什么嘴?"

吕夷简平淡地说:"臣身为宰相,所有的事都该管。如果太后为刘氏宗族着想,李妃就应厚葬;如果您不为刘氏着想,臣就无话可说了。"刘太后沉思许久,明白了吕夷简的用心,下旨厚葬了李妃。

吕夷简出宫后,找到总管罗崇勋,告诉他:"李妃一定要用太后的礼仪厚葬,丝毫不能有缺。棺木一定要用水银实棺。"罗崇勋见宰相少有的庄重与严厉,唯唯听命,于葬礼用物丝毫不敢轻视。

刘太后死后,燕王为了讨好皇上,便告诉仁宗:"陛下不是太后所生,而是李妃所生,可怜李妃遭刘氏一族陷害，死于非命。』仁宗大惊，忙传讯老宫人。刘太后已死，无人再隐瞒此事，便如实告之。

仁宗知道后，在宫中痛哭多日，也不上朝，一想到亲生母亲朝夕在左右，自己却不知道，实在是伤心。母亲在世之时，自己从未孝养过一日，最后竟然不得善终。他越思越痛，于是下诏宣布自己为子不孝的大罪，改封母亲为皇太后，并准备为母亲以太后之礼改葬。待改葬后再查实，清算刘太后一族的罪过。

刘氏宗族的人知道后惶惶不可终日。改葬李妃时，仁宗抚棺痛哭，却见李妃因有水银保护，面目如生，肌体完好，所用的葬器都严格遵照太后的礼仪。仁宗大喜过望，哀痛也减少许多。

改葬完李妃后，仁宗非但没有追究刘氏一族的罪过，反而待之更为优厚。

吕夷简在处理仁宗生母李妃的丧事上，显示出常人所难及的深谋远虑。人生就像一盘棋，深谋远虑的人每走一步就能看到下面几步棋的走势，而目光短浅的人只会盯着眼前的一步。这样的人就是孔子口中的『人无远虑，必有近忧』，他们站得低，望不远，只能将自己的人生之棋下得乱七八糟，最终一败涂地。

鹰击长空，虽然要经受风雨的摧残，却可以看尽天下万物，将世界揽入胸怀，而井底之蛙尽管无忧，但一生囿于方寸之地，心灵和眼界一样狭窄。正如胡雪岩说：『如果你拥有一县的眼光，那你可以做一县的生意；如果你拥有一省的眼光，那么你可以做一省的生意；如果你拥有天下的眼光，那么你可以做天下的生意。』所谓分久必合，盛极必衰，起起落落，都是真正的机缄。只有深谋远虑，着眼长远，才能成就大事业。

【原文】

一一九　惊奇喜异者，无远大之识；苦节独行者，非恒久之操。

【译文】

热衷于猎奇、喜欢标新立异的人，不会有远大的见识；刻苦修行、自命清高的人，常常有始无终，难以持久。

【原文】

一二〇　当怒火欲水正腾沸处，明明知得，又明明犯着，知的是谁，犯的又是谁？此处能猛然转念，邪魔①便为真君②矣。

【注释】

①邪魔：佛家语，指欲念。②真君：指万物的主宰。

【译文】

当怒火中烧、欲念膨胀的时候，明明知道不对，却还是做了蠢事。既然理智已做出判断，为什么还会明知故犯呢？原来是邪念占了上风啊！这时如果能改变想法，那么就能消除内心的杂念，成为一个高尚的人。

【品读】

有人曾说，能够征服自己的情感，就能征服一切。这正说明了人应该懂得调节自己的情绪，进而掌握自己的情绪，而不是成为情绪的奴隶。然而，很多人曾陷于愤怒、忧郁、恐惧等消极情绪的陷阱里不能自拔，

菜根谭

他们被情绪折磨的同时,也丧失了当下的美好。

一念也可使火焰变成红莲,使地狱变成乐土。当欲念上升,狂躁不安的时候,你可以静下心来,设身处地想一想,克制一下自己的情绪。当你重归宁和时,会发现自己已经远离了虚妄。

有一位得道高人曾在山中生活三十年之久,他平静淡泊,兴趣高雅,不但喜欢参禅悟道,而且喜爱花草树木,尤其喜爱兰花。他家的前庭后院栽满了各种各样的兰花,这些兰花来自四面八方,全是年复一年地积聚所得。大家都说,兰花就是高人的命根子。

这天高人有事要下山去,临行前当然忘不了嘱托弟子照看他的兰花。弟子也乐得其事,上午他一盆一盆地认认真真浇水,等到最后轮到那盆兰花中的珍品——君子兰了,弟子更加小心翼翼,这可是师父的最爱啊!他也许浇了一上午有些累了,越是想小心翼翼,手就越不听使唤,水壶滑下来砸在了花盆上,连花盆架也碰倒了,整盆兰花都摔在了地上。

这回可把弟子给吓坏了,愣在那里不知所措,心想:师父回来看到这番景象,肯定会大发雷霆!他越想越害怕。

下午师父回来了,他知道了这件事后一点儿也没生气,而是平心静气地对弟子说了一句话:『我并不是为了生气才种兰花的。』

弟子听了这句话,不仅放心了,也明白了。

种植兰花本是自己的喜好,也是修身养性的一种方式,假如因为弟子一时的不小心而迁怒于他,不仅会伤害两人的感情,在心理上也会形成焦躁、恼恨、粗暴等情绪,那又何来的修身养性?

一〇六

菜根谭

一二一

【原文】

毋偏信而为奸所欺，毋自任①而为气所使；毋以己之长而形人之短，毋因己之拙而忌人之能。

【注释】

①自任：自信，自用。

【译文】

不要误信他人的片面之词，以免被奸诈之徒所欺骗，不要过分自以为是，以免受到意气的驱使；不要

愤怒于别人的言行，自身不可能得到任何形式的提升，反而会在愤怒情绪的支配下更加容易丧失理智。不管经历什么事情，我们都要制怒，在脉搏加快跳动之前，凭借理智的伟力让自己平静。

想一想，如果惹你生气的人犯了错误，是由于某种不可控的原因，我们为什么还要愤怒呢？

如果不是这样，那么他们犯错是由于善恶观的问题。看到了这一点，说明在善恶观的问题上，我们比他们要更理性，能辨明是非黑白。因此，要心存怜悯，而不应有愤怒。

尽自己所能心平气和，尽量找到事情的症结所在，而不是愤愤不平，勃然大怒。因为往往折磨我们的是自己的愤怒情绪，而非别人的一些令人愤怒的行为。控制自己的愤怒情绪，从而避免让灵魂受到伤害，是完全在我们的可控范围之内的。在『欲水沸腾之际』能够冷静，就如《菜根谭》所说『猛然转念，邪魔便为真君矣』。

菜根谭

[原文]

一二二 人之短处,要曲为弥缝①,如暴而扬之,是以短攻短;人有顽的,要善为化诲,如忿而嫉②之,是以顽济顽。

[注释]

①弥缝:设法遮掩以免暴露。②嫉:怨恨。

[译文]

对于别人的短处,要婉转地加以规劝与掩饰,如果当众揭露并加以张扬,是在证明自己的无知和欠缺,是用自己的短处来攻击别人的短处;对于冥顽不化的人,要耐心地加以诱导和启发,如果愤怒地对其进行指责,不仅无法改变他的固执,也证明自己的愚蠢和固执,就像是用愚蠢救助愚蠢一样。

[原文]

一二三 遇沉沉不语之士,切莫输心①;见悻悻②自好之人,应须防口。

[注释]

①输心:输诚,表示真心。②悻悻:忿恨不平的样子。

【译文】

遇到一个表情阴沉不喜欢说话的人，千万不要一下就推心置腹地跟他交谈；遇到一个满脸怒气自以为了不起的人，就要尽量小心谨慎不与他说话。

【原文】

一二四　念头昏散处，要知提醒；念头吃紧时，要知放下。不然恐去昏昏①之病，又来憧憧②之扰矣。

【注释】

①昏昏：神志不清。②憧憧：摇曳不定的样子。

【译文】

当头脑昏沉时，应该平静下来，使头脑保持清醒；当思绪不稳时，要懂得使情绪放松，保持镇定。否则恐怕刚刚治好昏沉之病，又会出现左右为难的困扰。

【品读】

有一个流浪汉在看不见尽头的路上长途跋涉，他背着一大袋沉重的沙子，身上缠着一根装满水的粗管子，两只手分别拿着两块大石头，脖子上用一根旧绳子吊着一块大磨盘，脚腕上系着一条生锈的铁链，铁链上拴着大铁球，头上还顶着一个已腐烂发臭的大南瓜。

这个流浪汉一步一挪地吃力地走着，每走一步，脚上的铁链就发出哗哗的响声。他呻吟着，抱怨他的

菜根谭

命运如此艰难，抱怨疲倦在不停地折磨着他。

正当他头顶烈日艰难前行时，迎面走过来一位农夫。农夫问：『喂，疲倦的流浪人，为什么你不将手里的石头扔掉呢？』

『我真蠢，』流浪汉明白了，『我以前怎么没想到呢？』他甩掉了石头，觉得轻了许多。

不久，他在路上又遇到一位少年。少年问他：『告诉我，疲倦的流浪汉，你为什么不把头上的烂南瓜扔了呢？你为什么要拖着那么重的铁链子呢？』

流浪汉答道：『我很高兴你能给我指出来。我没意识到我在做什么事。』他解开脚上的铁链子，把头上的烂南瓜扔到路边摔得稀烂。他继续往前走，又感到了步履的艰难。

后来，有一位老人从田里走来，见到流浪汉十分惊异：『啊，我的孩子，你扛了一口袋沙子，可一路上有的是沙子，你带了一根大水管，可你瞧，路旁就有一条清亮的小溪，它已伴随着你走了很长一段了。』

听到这些话，流浪汉又解下了大水管，倒掉了里面已经变了味的水，然后把口袋里的沙子倒进一个洞里。突然他看到了脖子上挂着的磨盘，意识到正是这东西使他不能直起腰来走路。于是他解下磨盘，把它远远地扔进河里。他卸掉了所有的负担，在傍晚凉爽的微风中，寻找住宿之处。此时，他觉得自己轻松而愉悦，比原来快乐许多。

流浪汉一身重负，却不知晓将这些负担卸下，于是越走越累。生活中的责任和承担，也绝不轻松，如果再加上额外的不必要的负担，压力就会更大了。

有人这样说过：『我们会结识这么一些人，他们勤奋、努力地工作，但是脾气暴躁，生活也因此而变

二〇

菜根谭

【原文】

一二五　霁日青天，倏变为迅雷震电；疾风怒雨，倏转为朗月晴空。气机①何常一毫凝滞？太虚②何常一毫障塞？人之心体，亦当如是。

【注释】

①气机：气，构成天地万物的本原物质；机，时气变化的本原力量。②太虚：广漠无际的天空。

【译文】

晴空万里，转眼间又会雷鸣电闪；狂风暴雨，一转眼又会晴朗无云、皓月当空。大自然的风云变幻，

得混乱不堪。他们无法欣赏美好的事物，只顾匆匆赶路，却忘了欣赏路边的风景，从而葬送了自己幸福、安静的生活，破坏了本该拥有的幸福。在我们身边，我们所能碰到的真正能享受平和、宁静生活的人真是越来越少了。」

在当今这个忙碌的社会里，人们会因各种各样的事情而狂躁不安，会因自我控制能力的弱化而情绪波动，会因焦虑和多疑而饱经风霜。在工作和学习之余，应该多一分清醒，多一分放下，以清醒的心志和从容的步履走过岁月。我们渴望成功，但我们真正需要的是一种平平淡淡的生活，一份实实在在的成功。这种成功，不必苛求轰轰烈烈，不必有那种揭天地之奥秘、救万民于水火的豪情，而只是一份平平淡淡的追求。

在急躁时冷静，在繁忙时放松，这是情绪的调节法。在生活中只要我们懂得调节情绪，拥有一颗淡泊之心，坦然自若地去追求属于自己的真实，生活就会变得很轻松。

菜根谭

何曾有一时一刻的停顿？博大深远的天穹，何曾有一点障碍阻塞？所以我们人类的心理也应像大自然一样，喜怒哀乐要顺应自然合乎理智。

一二六

【原文】

胜私制欲之功，有曰：识不早、力不易者；有曰：识得破、忍不过者。盖识是一颗照魔的明珠①，力是一把斩魔的慧剑②，两不可少也。

【注释】

①明珠：即明月珠。佛经《净土论注》说，此珠『置之浊水，水即清净；投之浊心，念念之中罪灭心净』。

②慧剑：佛家语，比喻智慧利如剑，能斩断一切烦恼。

【译文】

对于战胜私情、克制物欲的功夫，有的人是由于没发现私欲的害处又没有克制私欲的意志，有的人虽然看清了私欲的害处却又忍受不了克制私欲的困难。因此，看破是揭发魔鬼的法宝，放下是消灭魔鬼的利剑，二者缺一不可。

【品读】

一个樵夫上山去打柴，看见一个人在树下躺着乘凉，就忍不住问他：『你为什么不去打柴呢？』

那人不解地问：『为什么要去打柴？』

樵夫说：『打了柴好卖钱呀。』

"那么卖了钱又有什么用呢？"

"有了钱你就可以享受生活了。"樵夫满怀憧憬地说。

乘凉的人笑了："那么你认为我现在在做什么？"

这个人本来过的就是恬静的日子——躺在树下轻松自在地呼吸，并且对生命充满由衷的喜悦与感激。这种生活方式是多么令人向往，为何还要盲目地去追求？世人总是被欲望蒙蔽了双眼，在人生的热闹风光中奔波迁徙，被名利这些身外之物所累。

一个人的人生走向终点时，他才会发现，人，是不会从他过多拥有的东西中得到乐趣的，而这些东西却总是以一种魔力引诱着人去追逐，失去理智也在所不辞。于是世界上成千上万的人带着这些东西走向了坟墓，悲哀而无奈。

人心很难得到满足，永远在为自己攫取，最后终于沦为私欲的奴隶，把自己的心灵变成了地狱。而当欲火上升，私念交织，人们的心智也失去了分寸。所以《菜根谭》在这里强调的是一种"定力"，既要看得破，又要经得起诱惑，才能使自己的见识日趋广博，人格日渐高尚。

唐朝天宝年间，有个书生行至宋州，当时家境贫苦的少年李勉恰好与此书生同住一店。没过多久，那位书生突然身染重病，最后因医治无效而死亡。书生临终时对李勉说："我家住洪州，本打算到北方去谋求官职，想不到却要死在这里。"然后，拿出身边的百两黄金送给李勉，并告诉他说："我有位仆人，不要让他知道我拥有黄金这件事。我死后，请你用这笔钱为我办丧事，剩下的钱就都赠送给你吧！"李勉答应了书生的临终遗言，为他办了丧事。丧事办完后，李勉却没有把剩余之钱据为己有，而是放入棺中一起

菜根谭

埋葬。几年后，李勉到开封做官。这时，那位死去书生的兄弟拿着洪州官府的公文，沿着其兄当年的行踪找到宋州，听说李勉曾为其兄主持丧事，就来到开封，找到李勉，顺便询问了金子的下落。李勉便将自己当初把金子埋在墓中之事告诉了他，并随他来到其兄的墓地，打开坟墓挖出黄金还给了他。这件事情传出去后，李勉得到了大家的尊敬。正是由于李勉胜私制欲之功，有坚强的意志力摒除贪欲的侵袭，修得大智慧。李勉为官清正，两袖清风，唐德宗时，官至宰相，被封为国公。

李勉在诱惑面前保持了清醒的头脑，不为虚妄所动，不丧失自我，从而体现了高尚的人格。

保持自己的理性，放下世间的一切假象，不为功名利禄所诱惑，一个人才能看清本来的自己。否则我们只能使自己的心灵处在一种烦恼不安的状态之中。就好像种植葡萄的人，如果过分希望自己的葡萄比别人大、比别人多，那他产生的这种欲望可能会使自己失去心灵上的自由。因为他会变得不知足，会变得妒忌、吝啬、猜疑，会变得反对那些比他拥有更多葡萄的人。

人无欲则刚，人无欲则明。要想做到『无欲』，首先要有一颗静如止水的心。不受外界事物打扰，好好地坚持走正确的道路，正确地思考和行动，不为『欲』所牵连，不为『欲』所迷惑，保持心中的一方净土。

【原文】

一二七 觉人之诈，不形于言，受人之侮，不动于色，此中有无穷意味，亦有无穷受用。

【译文】

发现别人有欺骗的行为，不要流露在言语中；受到别人侮辱，不要怒容满面。一个人有吃亏忍辱的胸襟，在人生旅途上自然有无穷妙用，对前途事业也一生受用不尽。

【原文】

一二八 横逆困穷，是锻炼豪杰的一副炉锤，能受其锻炼，则身心交益，不受其锻炼，则身心交损。

【译文】

逆境和艰难困苦，是锻炼英雄豪杰的熔炉和铁锤。经得起这种锻炼，就能从精神到肉体都有所收益；经不起这种考验，则心灵和肉体都会受到损害。

【品读】

人间一切横逆困难是磨炼英雄豪杰心性的熔炉。只要能够接受这种锻炼，人的身体与精神都会得到益处；如果不能承受这种恶劣环境的煎熬，那么在将来遇到困难时，他的身体和精神都会受到损伤。所以说人要锻炼出坚忍不拔的精神。

苦难无处不在，人人都可能遭遇。但苦难是否可怕，全在如何去应对。平庸之辈，遽然遭遇而惊慌，颓然叹息而失措，更加疑神疑鬼，终至一蹶不振，为苦难所吞没。若强健高洁之士，虽遭重创而精神不乱，面临困苦而意志弥坚，假以时日，否极泰来，苦尽甘至，守得云开见月明，正可遂其青云之志。

历览世间成大事者，皆是经历了一番寒霜苦的结果，没有人能够绕过。苦难可以涵养浩然正气，孕育卓越英才，成就辉煌人生。

作为一个胸怀大志的才子，杜甫可谓生不逢时。『安史之乱』的浩劫，打破了唐王朝繁华盛世的局面，也打碎了杜甫心中的美好蓝图，从此他走上了一条与残酷现实抗争的荆棘之路。困守长安达十年之久而无所作为，他的理想之火不灭；遭受幼子饿死之痛，一家老小甚至沦为难民，他也没有放弃信念。在一个非常寒冷的冬日，一叶行在潭州到岳阳江面上的孤舟，带走了诗人五十九年的生命。

作为一位历经磨难的诗人，杜甫一生漂泊，游历了国家的大好河山，也看尽了百姓生活中的痛苦，从而写出了『三吏』『三别』这样忧国忧民、脍炙人口的诗篇。

杜甫虽生不逢时，却依然故我地心忧天下，为天下苍生而奔走。他这种身在饥寒之中而心忧天下的可贵品质是贯穿其一生的，而这种至高至洁的伟大人格让人感动，正是：『历千万祀，与天壤而同久，共三光而永光。』

任何伟业都不是一蹴而就的，不经历一番风霜苦，哪得梅花扑鼻香？任何人在人生中取得的成就，都是不畏艰险，一点一滴积累起来的。远大的理想与眼光，再加上点滴的积累和百折不挠的精神，为他们的成功奠定了基石。

人生皆有苦难，苦难成就人生。面对人生苦难，我们唯一能做的是微笑以对。这需要一种宽容、博大的心胸，一种坦然、顶天立地的从容。昂起高贵的头，扬起意志的风帆，迎着风雨远航。哪怕风儿报以残枝败叶的萧瑟，雨儿报以举步维艰的迷茫。皆愿以一种强者的风范，一种藐视万难的气度面对人生苦难，任何逆境和困厄都能锻炼人们的意志力，能使人的心性更趋坚强与完美。

菜根谭

【原文】

一二九　吾身一小天地也，便喜怒不愆，好恶有则，便是燮理①的功夫；天地一大父母也，使民无怨咨，物无氛疹②，亦是敦睦③的气象。

【注释】

①燮理：协调治理。②氛疹：恶病，灾害。③敦睦：亲善和睦。

【译文】

我们的身体就如同一个小世界，自己的喜怒哀乐等情绪能守中道，不无故迁怒于他人，尤其对于喜好和厌恶，一定要有标准，有协调治理的能力；大自然就如同人类的父母，让百姓没有牢骚怨恨，使庄稼没有灾害而顺利成长，一片亲善和睦之景象。

【品读】

中国从古代便有关于『和谐』的理念。和谐，即调和、协调，使之和睦之意。清代赵翼曾在《瓯北诗话·黄山谷诗》中说道：『自中唐以后，律诗盛行，竞讲声病，故多音节和谐，风调圆美。』当一切配合的适当、协调，也就会变得和谐美好。

为人处世无论举止言辞、情感观念都要有一个准则，不逾矩，不失范，方能调和谐合。要让人平和对待你，首先需要你去认真对待他。姜太公得遇文王时，就对周文王提出为君治国之道。这种道体现的也是谐和。

周文王问太公：『我想听治国的关键，就是如何能使君王为民所爱戴？如何能使百姓生活幸福？』姜

菜根谭

太公答道:『治国要务,首先在于爱民。』文王追问道:『怎样才能爱民呢?』太公答道:『使百姓获得利益,不要过多损害他们的切身利益。帮助他们生产,不要破坏。给他们生存的机会,不要随意加以戕害。多赐给百姓所需要的东西,不要加以掠夺。让百姓安居乐业,别让他们困苦不堪。让百姓喜悦,别让他们怨恨、愤怒。这就是君王爱民的关键所在。』文王又问:『君王主政之道如何?』太公答道:『君王临朝处事,要宁静而安详,温和而有节度,不可心浮气躁,刚愎自用。多听别人意见,少独断专行,虚心静气以待人,不可骄矜固执己见,接物待人要公正持平,不可徇私。』

姜太公的治国为君之道,也是『使喜怒不怨,好恶有则』,『使民无怨咨,物无疵疠』,以至『人理协调,世事太平』的方法。

许多东西都是可遇不可求的,那些刻意强求的东西或许我们一辈子都得不到,而不曾被期待的东西往往会在我们的淡泊从容中不期而至。内心要自然流露,生命要豁达开放,首先就要拥有一颗纯净飘逸的心,随风如白云般漂泊,安闲自在,任意舒卷,随时随地,随心而安。随不是跟随,而是顺其自然,不怨怒,不躁进,不过度,不强求,不悲观,不刻板,不慌乱,不忘形。不以物喜,不以己悲。

【原文】

一三〇　害人之心不可有,防人之心不可无,此戒疏于虑也;宁受人之欺,毋逆人之诈,此警伤于察也。二语并存,精明而浑厚矣。

菜根谭

【译文】

害人的心思不能有，防备人的心思不能没有，这是劝诫人们在思想上不能疏忽大意；宁可忍受别人的欺骗，也不要事先就猜疑别人心存欺诈，这是告诫人们考察别人要得法。能按这两条去做，那么就会成为精明而又忠厚的人。

一三一 毋因群疑而阻独见，毋任己意而废人言，毋私小惠而伤大体，毋借公论以快私情

【原文】

【译文】

不要因为大多数人都有疑虑就放弃自己的独特见解，也不要一意孤行而忽略了别人的忠实良言。不可因个人私利搞小恩小惠而伤害整体的利益，更不可借助公众舆论来达到个人目的。

【品读】

《菜根谭》"毋因群疑而阻独见，毋任己意而废人言，毋私小惠而伤大体，毋借公论以快私情。"是一种中庸之道，是锻炼个人性格的极好方式，也是完善自我、超越自我的一种表现。而且这种智慧完全可以运用到识人、察人上来，识人不能从众，要有自己的见解，还要有远见，目光长远才会获得成功。因为今日落魄的人，明日也许一鸣惊人。清朝著名徽商胡雪岩就深知这一点，在识人、用人时别具一格，不受私欲是非所扰。

胡雪岩曾经选用过一个外号为"小和尚"的小混混，他叫陈世龙。在别人看来，陈世龙整日游手好闲，

菜根谭

不务正业,但是胡雪岩认为他虽然不适合做档手,却是个跑外场的好手。

胡雪岩与他初次见面时就发现他头脑很灵活,毫不怯场,对胡雪岩提出的问题对答如流,因此初步的印象就是"这后生可以造就"。此外,他从其他人那里得知,虽然陈世龙吃喝嫖赌样样都精,但是也很重义气,绝不吃里扒外,这也让他很满意。

但是,胡雪岩也对陈世龙做了一番考验。在他们交谈的时候,陈世龙已经答应会戒赌,胡雪岩故意给了陈世龙一张五十两的银票,他知道好赌成性的人但凡有钱,手就会痒。果然,陈世龙拿到钱后去了赌场。但是他只是转了一圈,挡住了别人对他的诱惑。胡雪岩向来重信义,这件事让他确信陈世龙说话算话,是个真汉子,也是个可造之材,于是就把陈世龙留在了身边,后来陈世龙果然成为他的得力助手。

在旁人看来陈世龙是不值得被重用的,但是胡雪岩并没有放弃自己的见解,也没有忽视他人的忠告,在坚持己见的同时也对陈世龙进行了一番考验,从他身上发现对自己的事业有帮助的潜力,于是才委以重任,加以磨炼。

子曰:"众恶之,必察焉;众好之,必察焉。"大家都厌恶他,我必须考察一下;大家都喜欢他,我也一定要考察一下。近代学者章太炎先生认为孔子主张在察人、识人时,不能人云亦云、随波逐流,不以众人的是非判断标准决定自己的是非判断。要经过自己的独立思考,进行理性的判断,然后再做出结论。

察人需要有预见的能力,更重要的是,具有开阔的思路,不轻易下决断,更不能因个人私利而伤害整个大局。

识人要有远见,只看眼前的景象和一时的情况做出的判断并不完整和全面。人要有长远的眼光,在人际关系中,才能得到更多你想要的信息和帮助,并最终走向成功。

菜根谭

【原文】

一三二一 善人未能急亲,不宜预扬,恐来谗谮①之奸;恶人未能轻去,不宜先发,恐遭媒孽②之祸。

【注释】

① 谗谮:恶言中伤。② 媒孽:比喻借端诬罔构陷,酿成其罪。

【译文】

要想结交一个有修养的人,不必急着跟他亲近,也不必事先来宣扬他,避免引起坏人的嫉妒而在背后诬蔑诽谤;对于一个心地险恶的人,绝对不可以草率行事,不可以随便把他打发走,尤其不能打草惊蛇,以免遭受报复陷害招来灾祸。

【品读】

与人交往切记不要操之过急,否则只会取得相反的效果。我们可以尝试所谓的『等距离外交』。

清朝末年,陈树屏做江夏知县的时候,张之洞在湖北做督抚。张之洞与湖北巡抚谭继洵关系不太融洽,多有矛盾。谭继洵就是后来大名鼎鼎的『戊戌六君子』之一谭嗣同的父亲。

有一天,张之洞和谭继洵等人在长江边上的黄鹤楼举行公宴,当地大小官员都在座。后来,有人谈到

菜根谭

了江面宽窄问题，谭继洵说是五里三分，曾经在某本书中亲眼见过。张之洞沉思了一会，故意说是七里三分，自己也曾经在另外一本书中见过这种记载。

二人相持不下，在场僚属难置一语。于是双方借着酒劲儿饯饯起来，谁也不肯丢自己的面子。于是张之洞就派了一名随从，快马前往当地的江夏县衙召县令来断定裁决。知县陈树屏，听来人说明情况，急忙整理衣冠飞骑前往黄鹤楼。他到了以后刚刚进门，张、谭二人同声问道：『你管理江夏县事，汉水在你的管辖境内，知道江面是七里三分，还是五里三分吗？』

陈树屏对两人的过节已有所耳闻，听到他们这样问，当然知道这是借题发挥。但是，张、谭二人他谁都得罪不起，所以肯定任何一人都会使自己陷入困境。后来，他从容不迫地拱拱手，言语平和地说：『江面水涨就宽到七里三分，而水落时便是五里三分。张制军是指涨水而言，而中丞大人是指水落而言。两位大人都没有说错，这有何可怀疑的呢？』

张、谭二人听了陈树屏这个有趣的圆场，拊掌大笑，一场僵局就此化解。陈树屏深知自己两边都得罪不起，但是又不能不表明态度和立场。这个时候谁也不得罪才是求生存的最好办法。

也许有很多人认为，这种等距离外交、谁也不得罪的做法是一种墙头草的行径，十分令人瞧不起。大丈夫敢作敢为，必须敢于挺身入局表明自己的立场。其实这是一种误解。等距离外交不过是中庸的处世方式，其目的是为了在冲突的最初阶段更好地保护自己，并且在将来挺身入局的时候能够占据更为有利的地位。所以它不是墙头草的行径，而是一种智慧的选择。

常言道，人心险恶。有的人外表看起来很敦厚老实，和气慈祥，但是内心十分奸险与凶悍。而有些人

一三三 青天白日的节义，自暗室漏屋中培来；旋乾转坤的经纶，从临深履薄处操出

【原文】

青天白日的节义，自暗室漏屋中培来；旋乾转坤的经纶，从临深履薄处操出。

【译文】

一个人光明磊落的品行和节操，是在暗室、漏屋的慎独中培养起来的；足以治国平天下扭转乾坤的道德和学问，是在如临深渊、如履薄冰的谨小慎微中形成的。

【品读】

某天，一个失意的商人路过一片瓜地，看到满地滚圆的西瓜就迈不开脚步了。瓜农看到他一直站在田边看，就问他：「想买西瓜吗？」

商人点了点头：「但是，我身上只有一元钱。」

瓜农似乎看出了点什么，于是说：「一元钱只能买一个小西瓜。」瓜农指了指脚下一个明显还未成熟的小瓜问他：「把这个瓜卖给你怎么样？」

商人苦笑，说道：「还未成熟的西瓜，怎么能够吃呢？」

瓜农听后哈哈一笑：「对呀，这个西瓜还需要一段时间才能成熟，所以你可以等它熟透了再来买。」

商人猛然醒悟，瓜农是想告诉他，西瓜需要时间来成熟，人也是，所以此刻的失意不过是暂时的锤炼。

这样想来，商人对瓜农说：「好吧。不过你先别摘下来，等过些时候我再来取。」

瓜农哈哈一笑，点头同意了。

一个尚未成熟的西瓜需要成长的时间，才能收获成熟的果实；一朵幼嫩的蓓蕾需要更多阳光雨露的滋养，才能绽放为美丽的花朵。就好像身体要经由成长发育的过程才能变得健硕，心灵也需要历尽磨炼才会变得成熟。

人生不是一场竞速比赛，不是跑得快就能得到冠军。那些最耀眼的奖牌，不一定会被授予给第一个冲过终点的人。

有位诗人曾说：「春风，是冰河的等待；收获，是秋天的等待；雨露，是大地的等待；阳光，是大海的等待。」生活里有很多种成功，潜藏在悠长的岁月里，还有很多种幸福，蛰伏在缓慢的步履中。

只有历经磨难，一个人的心智才能够得到历练，抹平岁月给我们的皱纹，让心保持年轻和平静，让我们得到成长和成功。「面对着充满希望的人世，努力永远不会太迟。」不管遭遇了怎样的不幸或者挫折，只要我们不轻言放弃，不动摇心中的道德原则，并埋头努力争取更上一层楼的精进，就会有拨云见日的那一天。

滴水可以穿石，锯绳可以断木。所以仅有人生的理想还不够，还要看有没有坚持追求理想的勇气和信心。

如果做事情总是三心二意，遇到困难就退缩，即使是天才，也会一事无成。只有仰仗恒心，点滴积累、磨砺品格，才能看到成功之日。勤快的人能笑到最后，耐跑的马会脱颖而出。梦想是人生的舞台，但是很多时候，它被时间锁在环境的空楼里。我们只有坚持做一个快乐的学习者，全力以赴，才能最终以胜利的姿态笑傲生活。

高洁的节操,是磨炼出来的,而匡国济世的本领,是在狼烟烽火中造就的。可见苦难是份厚礼,它有时能把单调的人生变得更有价值。苏东坡说:"所取者远,则必有所待;所就者大,必有所忍。"志存高远者,必须明白"前途是光明的,路途是曲折的"这一真理,也当知晓人生不是一场速度竞赛,河上没有桥还可以等待结冰,走过漫长的黑夜便会有黎明。

【原文】

一三四 父慈子孝,兄友弟恭,纵做到极处,俱是合当如此,着不得一丝感激的念头。如施者任德①,受者怀恩,便是路人,便成市道②矣。

【注释】

①任德:受人感激。②市道:市场交易。

【译文】

父慈子孝,兄友弟恭,理应如此,而不用心存一丝感激的念头。如果不是这样,施者自以为有德于人,受者自以为受患于人,那就不是家人了,而是路上的陌生人。其间亲情关系,也就变成了买卖关系。

【品读】

中国自古就强调家庭文化,主张父慈子孝、兄友弟恭、夫唱妇和的和谐家庭。特别是对孝悌之礼尤为

菜根谭

注重，如『百善孝为先』『父母在，不远游』『惟孝顺父母，可以解忧』等。无论是孝敬父母还是尊敬兄长、友爱弟妹，都是发自内心的情感。真心地为他们做事，竭尽全力，不求回报，不分彼此，风雨同舟，乐享天伦。

剡子是周朝人，祖上世代以耕种为生，老实巴交的父母，一年到头苦苦劳作，也只是混个半饥半饱。这年赶上闹灾荒，田里收成不济，父母忧急交加，一时心火上攻，双双眼睛失明，这可急坏了小小年纪的剡子。

为了给父母治病，剡子每天半糠半菜地侍奉双亲充饥后，就到处求人，寻医问药。一天，剡子到深山采药，路过一座庙宇，便进去讨口水喝。他见方丈童颜仙骨，就向他请求治疗眼病的方法。老方丈问明缘由，沉吟一下说：『药方倒有一个，恐怕你采不来。』

『请说，我舍命去采！』『鹿奶，鹿奶可以治眼疾。』剡子听了，立即叩头谢过老方丈，飞奔赶往鹿群出没的树林中。这里的鹿确实不少，可它们蹄子轻身灵，怎样才能弄来鹿奶呢？剡子绞尽脑汁，昼思夜想。一天，他见村东头猎户家的墙头上晒着一张鹿皮，忽地眼前一亮：把鹿皮借来，披在身上，扮成小鹿的模样，不就能悄悄接近鹿群了吗！于是，剡子迫不及待地走进猎户家，说明来意。好心的猎户欣然把鹿皮借给了他，还指点剡子如何模仿小鹿四肢跑跳的动作。经过多次演练，剡子已经做得有模有样了。

第二天，剡子悄悄地蹲在树林里。待鹿群走近时，披着鹿皮的剡子像一只小鹿似的不紧不慢地凑到一只母鹿身边，轻手轻脚地挤了满满一木碗鹿奶。直到鹿群走开了，他才站起身来，捧着鹿奶直奔家中。

从那以后，剡子多次用扮成小鹿的办法，去挤母鹿的奶汁。父母由于常常喝到鲜美的鹿奶，营养不良的身体一天天强壮起来，后来，眼睛果然奇迹般地恢复了光明。剡子用他的行动证明了他的孝心。古人讲『求忠臣必于孝子之门』，一个人对父母、家庭有真感情，如果出来为国家做事，就一定有责任感。一个人可以由单纯爱父母到爱别人、爱国家、爱天下。『子之爱亲，命也。』儿女爱父母，这是天性，人不孝其亲，不如禽与兽。

假如『父慈子孝，兄友弟恭』夹杂有丁点功利的味道，便不再是纯粹的亲情，此时的付出可能只是希望得到对方的回报，那么人与人之间也就少了些纯粹的真诚的人情味。

【原文】

一三五　有妍必有丑为之对，我不夸妍，谁能丑我？有洁必有污为之仇，我不好洁，谁能污我？

【译文】

世上事物，有美就必然有丑与之相对，我不夸耀美丽，谁又能说我丑陋呢？有洁就必有污与之相比较，我不标榜自己高洁，谁又能指责我卑污呢？

【原文】

一三六　炎凉之态，富贵更甚于贫贱；妒忌之心，骨肉尤狠于外人。此处若不当以冷肠，御以平气，鲜不日坐烦恼障中矣。

菜根谭

明刻本菜根谭

一二七

菜根谭

【译文】

人情的冷暖变化，富贵人家可能远远超过贫穷人家；人们之间相互妒忌的心理，一家亲骨肉之间可能就会比对外人还厉害。假如一个人对这些情况不能看得冷淡一些，或者不能平心静气地妥善对待，那么他就会整天被烦恼所包围。

【品读】

人人都想富贵，但问题在于人的欲望是无止境的，填饱了肚子，又求珍馐；娶了娇妻，又求美妾；有了房舍，又求华厦；谋得一职，又求升官；得到千钱，又求万金……宝贵的一生就在无止境的追求财富中苦恼地度过了。

过分贪取、无理要求，只会徒然带给自己烦恼而已，在日日夜夜的焦虑企盼、钩心斗角中，还没有尝到快乐，就已饱受痛苦煎熬了。来也空空，去也空空。所有一切繁华落尽后，世态冷暖尤为可见。而这人情冷暖、世态炎凉的现象在富贵的家庭往往多于贫贱的家庭，而兄弟相争，则更是有甚于外人。

春秋时，郑国郑武公的儿子寤生继位为君，他就是有名的郑庄公。他的母亲姜氏偏爱庄公的弟弟共叔段，便请庄公将京城封给共叔段。公子吕知道后，劝告郑庄公说：『京是郑国的都城，俗话说天无二日，国无二君，这个地方怎么封给他呢？请您另外选一块地方封赏。』郑庄公故作无奈说：『这是国母的意见，不答应恐怕不行。』

共叔段到达封地京城后，自恃有母后这座大靠山，便开始胡作非为，无所顾忌，根本不把哥哥庄公放在眼里。公子吕看到这种情况后，便敦请庄公发兵讨伐他。庄公说：『他的罪恶目前还不显著，这样去讨伐他恐怕还未到时机。暂且再等一段时间，等他多行不义再去讨伐，就名正言顺了。"共叔段这时已准备发动叛乱，郑庄公得知后认为时机已到，高兴地说："现在终于可以除掉这个眼中钉了。"

于是，他假意去朝见周天子，暗中却调兵遣将。共叔段不知是计，以为天赐良机，便同母后姜氏密谋，乘庄公离开京城之际，趁机发动兵变想篡夺君位。正在他们得意的时候，郑庄公早已抄近路发兵攻取京城，并迅速攻占了京城，共叔段见大势已去，只好逃到鄢地避难，郑庄公不依不饶派兵追杀，并将母后姜氏也打入冷宫。

血浓于水，可是当利益出现时，郑庄公不仅与弟弟骨肉相残，连母亲也被打入了冷宫。翻开皇家的历史，子弑父，兄杀弟，为了权力而骨肉相残，猜疑嫉妒，篡权夺国，惨无人道的事例很多。可是用亲情换来的权力、富贵又有何意义？

庄子说："钱财不积则贪者忧；权势不尤则夸者悲；势物之徒乐变。"追求钱财的人往往会因钱财积累不多而忧愁，贪心者永不满足；追求地位的人常因职位不够高而暗自悲伤；迷恋权势的人，特别喜欢社会动荡，以求在动乱之中借机扩大自己的权势。而这些人，注定会被烦恼缠身。

权势等同枷锁，富贵有如浮云。生前枉费心千万，死后空持手一双。为何不将富贵平常看待，泰然处之，远离名利纷扰，远离触目惊心的争斗，给自己的心灵一片可自由驰骋的广袤天空。

【原文】

一三七　功过不容少混，混则人怀惰堕①之心；恩仇不可太明，明则人起携贰②之志。

菜根谭

一三八

【原文】

爵位不宜太盛，太盛则危；能事不宜尽毕，尽毕则衰；行谊①不宜过高，过高则谤兴而毁来。

【注释】

①行谊：品行，道义。

【译文】

一个人的官位爵禄不可以太高，如果太高就会使自己陷于危险的状态；一个人的才能不要展露无遗，如果展露过度就会因江郎才尽陷于没落状态；一个人的品德、行为不可标榜得太高，如果太高就会遭到中伤与诽谤。

【品读】

在与大型猛兽为伍时，狐狸通常都不会逞能，而是装作愚笨的样子，然后让猛兽去捕猎，它则毫不费

①惰堕：懒惰。②携贰：离心。

【译文】

领导对部属的功劳和过失来不得半点含混，如果功过不明就会使部属产生偷懒消沉的思想；对于恩惠和仇恨不可分得太清，如果恩仇分明就会使部属产生疑心而发生背离。

力地吃到猎物的残渣。狐狸这种低调行事的作风，令它活得格外自在。有时候，伪装弱者、显现低调并不是懦弱的表现，而是一种自我保护的方式。

自古身居高位者，尤其是那些辅佐他人成就一番事业者虽然深知『飞鸟尽，良弓藏；狡兔死，走狗烹』，却不懂当如何自处，常常落得不好的下场，而那些身在高位能够急流勇退的人，远离灾祸，保全自身。

居上位者需要明白『高行微言，所以修身』的道理，身居高位依然要保持低调谨慎，这样才不至于招致忌恨。

西汉的张良是汉高祖刘邦的谋士，汉六年，刘邦大封功臣，请他自选齐地三万户，作为封邑。张良推辞不受，最后被封为留侯。从此闭门不出，在家潜心修炼神仙之术。一次，群臣因刘邦要废掉太子刘盈之事找他相商，他枯坐良久，最后只轻声说：『皇上有此意愿，定有其道理，做臣子的怎能妄加评议呢？我对太子素来敬重，只恨我人微言轻，不能帮太子进言了。』

吕后派吕泽去强求张良，软硬兼施之下，张良无奈给他出了主意，让吕后请出『商山四皓』辅佐太子。刘邦一直崇敬这四个人，见他们出山相助太子，自知太子羽翼已成，不得不放弃了废太子的念头。

吕后派人向张良致谢，张良却回绝说：『这都是皇后的高见，与我何干呢？请转奏皇后，此事千万不要再提起了。』

刘邦死后，吕后专权。张良对世事的变故一概不问，求见他的大臣他也一律不见。吕后见他潜心研学道家养生之术，便不以他为患，反而对他愈发钦敬。

张良刻意隐藏自己的智慧是智者的选择。在封建专制时代，一个人的智慧越高，如果不能为君主所用，

菜根谭

所面临的危险也就愈大。纵使卖身投靠，他们也常常被君主所猜忌，被视为潜在的威胁。如张良这般大智若愚、弃智绝俗，隐藏自己的智慧，避免了君王的猜忌，保全了自己。

古今中外，过分张扬、锋芒毕露之人，不管功劳多大，官位多高，最终多数不得善终，这是尽人皆知的历史教训。为官者放低姿态，表现得谦逊、低调、圆融、平和，收拢更多人心，即使达不到目的，至少不会招来敌人。居上位者低调做事，亦能在这段时间内培养自己的能力、经验、人际关系，令自己的羽翼更加丰满，进而展翅高飞，主宰自己的未来。

一三九

【原文】

恶忌阴，善忌阳。故恶之显者祸浅，而隐者祸深；善之显者功小，而隐者功大。

【译文】

一个人做了坏事最担心的是被人发觉，做了好事最不宜的是自己宣扬出去。所以坏事如果能及早被发现，那灾祸就会相对小些；如果不容易被人发现，那灾祸就会更大；如果一个人做了好事而自己宣扬出去，那功劳就会变小，只有在暗中默默行善才会得到最大的福报。

【品读】

世间万事有好坏之分，不可能件件都是完美无缺的。有的时候，坏事于不经意间造成，或许本无关紧要，但是由于不能坦然面对，就只能受到它的牵制，遮遮掩掩，反而失去克服它的勇气与机会，也容易引来别人的怀疑。

菜根谭

做了好事不要宣扬，做了坏事不要回避，应当学会坦诚面对，缺点不隐瞒，优点不显露，同样能让人觉得你是性情中人。如果明知自己干了坏事，有缺点，却不自我反省，做任何改进，反而口是心非，弄虚作假，那就变成一种虚伪，一种耻辱。正人君子纵横天下，应当率性而为，真诚相见，这就自然能加深人与人之间的互相理解。

北宋鲁宗道嗜酒如命，经常到酒店喝酒。有一天，皇帝派遣使者召见他，使臣来到他家门口却也找不着他，原来鲁宗道又喝酒去了。过了很长时间，他才晕乎乎地回来，这时已经超过了皇帝召见的时间，使臣只好先走一步，并问他：『圣上如果怪罪你来迟了，你当用什么原因来回答？』鲁宗道说：『应该实话实说。』使臣好心地提醒说：『若这么回答，只能得罪圣上。』鲁宗道说：『我好喝酒，这是人之常情，圣上知道了也可原谅，但是欺君的罪过可就大了。』使臣便拿鲁宗道的原话禀告了皇帝。

鲁宗道入朝，皇帝问他为什么去酒家饮酒，鲁宗道谢罪说：『臣家境贫穷，买不起上好的酒器，只好到酒市上去喝。今天正好有位远道而来的亲戚，便邀他喝一回。但臣子事先特意换了衣服，市人认不出我是陛下的官员，所以也无伤为官的体统。』皇帝听他一说，笑道：『你身为朝廷大臣，还敢到街上饮酒，这件事如果传出去，恐怕被御史弹劾，所以你才这么狡辩吧。』皇帝虽然嘴上这么说，可心里却对他另眼相看，认为他能说实话，是个可以信赖的人。

后来，鲁宗道做了参知政事。他果然为人正直敢言，邪佞之人都忌他三分。当时的人戏称他叫『鱼头参政』。

鲁宗道喝酒误事，却因为他坦诚和自省，坦然呈『坏』，终被皇上谅解。

一个人为了掩饰自己做的错事,必然要用谎言去应付别人,甚至暗地里做更大的错事,一旦被别人识破,也就成了虚伪的人。如果没有被人识破,这样的人在身边只会是祸害。

一个人做了错事最怕的是遮掩后被人发觉,而做了好事最忌讳的是为了炫耀自己而到处宣扬。所以做错事要坦诚交代,及早发现,那灾祸就会小些,如果隐瞒,那灾祸就会大些。如果一个人做了好事而自己到处宣扬,就算有再大的功劳也会变小,默默地做好事才可能功德圆满。

真正懂得自省的智者,内心是充满平和宁静的,是不会刻意去显摆或做了好事后期待他人回报的。到处宣扬只会干扰内心的平静,它使你老是在想:我想要什么,我需要什么,我应当去索取什么。如果做好事而有所图,很有可能好事会变成坏事。

所以《菜根谭》说做了坏事最忌讳遮掩,做了好事最忌讳张扬。坦诚做人,用一颗真诚的心去对待别人,将是件快乐的事情。

【原文】

一四〇 德者才之主,才者德之奴。有才无德,如家无主而奴用事矣,几何不魍魉而猖狂。

【译文】

一个人的品行是才学的主人,而才学不过是品德的奴隶。所以,一个人如果只有才学而没有品德,就好比一个家庭没有主人而由奴隶当家,这样一来,岂不使鬼怪肆虐?

【原文】

一四一 锄奸杜幸，要放他一条去路，若使之一无所容，譬如塞鼠穴者，一切去路都塞尽，则一切好物俱咬破矣。

【译文】

整治妖邪奸佞之人，要给他们留一条改过自新的出路。如果使其陷于绝望，就好比为了消灭老鼠堵塞鼠穴，固然把老鼠所有逃跑的道路都堵死了，可是屋子里一切贵重的东西都可能被老鼠咬坏。

【原文】

一四二 当与人同过，不当与人同功，同功则相忌；可与人共患难，不可与人共安乐，安乐则相仇。

【译文】

有了过失，应当与他人共同承担责任，有了功劳，不要与他人相争，争功邀宠最易引起嫉恨；危难时要与他人共患难，功成名就后不可与他人共享安乐，享乐时最易结下仇怨。

【原文】

一四三 士君子贫不能济物者，遇人痴迷处，出一言提醒之；遇人急难处，出一言解救之，亦是无量功德。

菜根谭

【译文】

品行高尚的人因生活贫困不能以物质救助别人,可当别人遇到困难迷惑不解时,从旁指点使其有所领悟;遇到别人发生危急之事时,能从容说句公道话使其摆脱困境,这都是功德无量的好事。

【品读】

生活就好像在爬山。如果在前面的人能够经常回过头跟后面的人开一句玩笑,或者招招手,说一些鼓励的话,对后面的人有很大的帮助。每一个人都是爬山的人,应该相互帮助和鼓励。

一个人贫穷,不应该自卑,也并不影响帮助和鼓励别人。其实在别人惶惑和痴迷之时给予正告,就是莫大的恩惠。或许因为这句警语,能转变别人的命运,把其从困境中解脱出来,让其身心愉悦,这也是积德之举。汉代有个县令叫陈实,就因为一句话解救了他人并使之走上正道。

汉太丘县令陈实,早年在家乡时就以公正而闻名。当地的百姓凡有争执纠纷的,都请他出面判定,他总是都能主持公道,说明是非曲直,被判双方都很满意,有的甚至感叹说:"宁可遭受肉体处罚,也不要被陈先生说声不是。"

当时经常发生饥荒,老百姓都很穷,有个小偷夜间潜入陈实的卧室,躲在房梁上准备等他睡着了行窃。陈实发现了,没有大喊"捉贼",而是起身整了整自己的衣服,将儿孙们召进房门,严肃地教导说:"人不能不知道自勉。那些后来表现不好的人,未必一生下来就坏,只是因为沾染了坏习惯,才达到这种地步,梁上的那位君子大概就是这样。"

小偷一听大吃一惊,连忙跳下来,向他叩头请罪。陈实慢慢地开导他说:"看你的模样,不像坏人,应该改掉自己的恶习，重新做人。你干这种见不得人的事，只怕是因为贫穷所迫吧。"随即，陈实吩咐家人送给他两匹绢，让他回去自力更生。

此事很快就传遍全县，全县的盗窃案从此销声匿迹。

陈实讲这些话时，不是严厉呵斥，也不是讲什么仁义道德的大道理，而是合乎情理，娓娓道来，晓之以理，动之以情，令小偷改过自新。

宋代文士袁采说过："圣贤犹不能无过，况人非圣贤，安得每事尽善？"人都会犯或大或小的错误。人生不如意十之八九，即使是一个十分幸运的人，在他的一生中也有十分艰难的情况，不可能总是一帆风顺。

既然如此，我们要懂得向处于迷途与困境中的人伸出援助之手，给他以精神上的鼓励，让他产生改正错误、战胜一切困难的信心。

一个人的才能和力量总是有限的，很多时候我们都需要别人的帮助。不要吝啬对他人的鼓励和帮助，因为一句话可能会让对方终身受益。每个人都有可能遇到不同考验，在别人经历风雨的时候，及时地给予一些安慰和鼓励，送上一句"下次努力""这些困难算什么"的话，那么，有一天当我们自己也陷入困境中时，我们也会得到这样的安慰和鼓励。

【原文】

一四四 饥则附，饱则飏，燠则趋，寒则弃，人情通患也。君子宜净拭冷眼，慎勿轻动刚肠。

菜根谭

明刻本菜根谭

【译文】

穷困饥饿时就去投靠别人,吃饱后便远走高飞;遇到有权势的人就去巴结,见到贫寒无助的人就弃之不理,这是一般世俗之人的通病。君子遇事应该冷静地观察一番,千万不要轻率行事。

【品读】

人生在世,变幻莫测,谁也不知道自己的将来会遇到什么人、什么事。当世道艰难的时候,有些人也许迫不得已,但是有些人或许本来就是墙头草,他们永远见风使舵。在你春风得意的时候,为你喝彩,不惜牺牲自己的尊严;在你遭遇挫败的时候,他们跟着落井下石,转眼就成陌生人。古今中外出现过不少这样的小人。

晋国大夫文子曾遇到投奔谁的难题。文子流亡在外,经过一个县城。随从说:『此县有一个啬夫,是你过去的朋友,何不在他的舍下休息片刻,顺便等待后面的车辆呢?』文子说:『我曾喜欢音乐,此人给我送来鸣琴;我爱好佩玉,此人给我送来玉环。他这样迎合我的爱好,无非是为了得到我对他的好感。我恐怕他也会出卖我以求得别人的好感。』于是他没有停留,匆匆离去。结果,那个人果然扣留了文子后面的两车人马,把他们献给了国君。

文子的这位朋友平日里喜欢跟随文子的喜好而讨好文子。小人随时变色,君子才是真朋友。在文子看来,这位朋友称不上真正的朋友,只是趋炎附势的小人而已。最终事实也证实了这一点。

小人最擅长的是阿谀奉承,他们这样做的最终目的是为了从那些喜欢被奉承的人身上得到回报,一旦他们取得了那些人的信任,待自己的羽翼丰满之时,他们真实的嘴脸就会暴露出来,说不定还会反咬一口。

一三八

所以，一定要留意自己身边一味顺着自己的意志说话做事的人，因为那很可能就是一个势利小人。切不可因为他说的、做的都是自己喜欢的就重视他、依赖他，那样做无异于养虎为患。

蔺相如曾是赵国宦官缪贤的一名舍人。缪贤曾因犯法获罪，打算逃往燕国躲避。蔺相如问他：『您为什么选择燕国呢？』缪贤说：『我曾跟随大王在边境与燕王相会，燕王曾私下握着我的手，表示愿意和我结为朋友。我想，如果我去投奔燕王，他一定会接纳我的。』蔺相如劝阻说：『我看未必啊。赵国比燕国强大，您当时又是赵王的红人，所以燕王才愿意和您结交。如今您在赵国伏罪，逃往燕国是为了躲避处罚，燕国惧怕赵国，势必不敢收留您，他甚至会把您抓起来送回赵国。您不如向赵王负荆请罪，也许有幸获免。』

缪贤觉得有理，就照蔺相如所说的办，向赵王请罪，果然得到了赵王的赦免。

缪贤以为燕王是真的想和自己交朋友，他显然没有考虑自己背后的一些隐性因素，比如自己当时的地位、对燕王的可利用性等。可是现在他成了赵国的罪人，地位已经变了，交朋友的价值也就失去了，他贸然到燕国去，当然很危险。

趋炎附势，同欺贫爱富、喜新厌旧一样，都是人性的弱点。大千世界，鱼龙混杂，不管你是否愿意面对，都不可避免地要与各种人打交道。当我们风头正劲的时候不骄傲，当我们走在人生的低谷时也不必因此愤世嫉俗或唉声叹气，能够拥有豁达的心态，便是提防身边小人最好的办法。

【原文】

一四五　德随量进，量由识长，故欲厚其德，不可不弘其量，欲弘其量，不可不大其识。

菜根谭

【译文】

人的品德会随着气量的宽宏而增进，而气量会随着见识的增长而宽宏，所以要增进自己的品德，就不能不使自己的气量宽宏；要想气量宽宏，就不能不努力增进自己的见识。

一四六　一灯萤然，万籁无声，此吾人初入宴①寂时也；晓梦初醒，群动未起，此吾人初出混沌②处也。乘此而一念回光，炯然返照，始知耳目口鼻皆桎梏，而情欲嗜好悉机械矣。

【注释】

①宴：通『晏』，晚。②混沌：古代传说中指天地未形成之前的元气状态。

【译文】

灯光微弱闪烁，大地一片宁静，正是人的身心刚刚进入休息之时；清晨夜梦过去，万物还未活动，正是人刚从梦境走出来之时。在刚刚安息和刚刚睡醒的刹那间，好像有一线灵光掠过脑海，这时会突然使内心有所醒悟，才知耳目口鼻都是束缚心智的枷锁，而情欲、嗜好也是使心灵堕落的工具。

【原文】

一四七　反己者，触事皆成药石；尤人者，动念即是戈矛。一以辟众善之路，一以浚①诸恶之源，相去霄壤矣。

[注释]

① 浚：深挖河道使其疏通。

[译文]

经常作自我反省的人，日常接触的事物，都成了修身戒恶的良药；经常怨天尤人的人，只要思想观念一动，就像是戈矛一样总指向别人。可见自我反省是通往行善的途径，怨天尤人是走向奸邪罪恶的源泉，两者之间真是天壤之别。

[原文]

一四八 事业文章随身销毁，而精神万古如新；功名富贵逐世转移，而气节千载一日。君子信不当以彼易此也。

[译文]

事业和文章，随着死亡也就了结了，但人的精神万古常新；功名利禄和荣华富贵，随着时间的变迁而转移，唯独德行、气节会永远留存。所以，君子确实不应抛弃垂名青史的道义与气节，换取随身灭亡的事业和文章。

[原文]

一四九 鱼网之设，鸿则罹①其中；螳螂之食，雀又乘其后。机里藏机，变外生变，智巧何足

菜根谭

[译文]

本来设网捕鱼，不料鸿雁竟落网中；贪婪的螳螂一心想捕食眼前的蝉，不料后面却有一只黄雀。可见天地间的事实在奥妙，玄机中还藏有玄机，变幻中又生变幻，人的智慧、计谋又有什么可仗恃的呢？

[注释]

① 罹：遭遇。

一五〇　作人无点真恳念头，便成个花子，事事皆虚；涉世无段圆活机趣，便是个木人，处处有碍。

[译文]

做人如果没有一点真诚之心，那就会成为一个华而不实的人，做什么事都是虚的；处世如果没有一点变通的手段，那就成为一个呆板的人，做什么事都会遇到阻碍。

[原文]

一五一　水不波则自定，鉴①不翳②则自明。故心无可清，去其混之者，而清自现；乐不必寻，去其苦之者，而乐自存。

【注释】

① 鉴：镜子。② 翳：遮盖。

【译文】

如果没有波浪，水面自然是平静的。如果没有被遮盖，镜子自然是明亮的。因此，心灵的清爽，本不必刻意追求，只要除掉心中混沌的杂念就可以了，心灵的欢乐也不必到处寻求，只要除去心中折磨自己的烦恼和痛苦也就自然得到了。

【品读】

诸葛亮在《诫子书》中说：非淡泊无以明志，非宁静无以致远。意思是一个人在社会中生活，若淡泊名利等身外之物，便可以真正明确自己的志向，若心无旁骛地投入某项所钟爱的事业中，便可以实现远大的目标。这是诸葛亮一生的真实写照，亦是我们后人谨遵的警示名言。为世俗名利所困扰，就算成功了，得到的也只是物质丰裕的快感，缺少『闲居无事可评论，一炷清香自得闻』的那派悠然心一宁静，也就明澈如镜，快乐自然呈现。

一个皇帝想要整修京城里的一座寺庙。他派人去找技艺高超的设计师，希望能够将寺庙整修得美丽而又庄严。

后来有两组人员被找来了，其中一组是京城里很有名的工匠与画师，另外一组是几个和尚。由于皇帝不知道到底哪一组人员的手艺比较好，于是就决定给他们机会做一个比较。皇帝要求这两组人员各自去整修一个小寺庙。两组面对面工作。三天之后，皇帝来验收成果。

菜根谭

工匠们向皇帝要了一百多种颜色的颜料（漆），又要了很多工具；而让皇帝很奇怪的是，和尚们居然只要了一些抹布与水桶等简单的清洁用具。

三天之后，皇帝来验收。

他首先看了工匠们所装饰的寺庙，工匠们敲锣打鼓地庆祝工程的完成，他们用了非常多的颜料，以非常精巧的手艺把寺庙装饰得五颜六色。

皇帝满意地点点头，接着回过头来看看和尚们负责整修的寺庙。他看了一下就愣住了，和尚们所整修的寺庙没有涂任何颜料，他们只是把所有的墙壁、桌椅、窗户等都擦拭得非常干净，寺庙中所有的物品都现出了它们原来的颜色，而它们光亮的表面就像镜子一般，映射出周围其他物体的色彩，那天边多变的云彩、随风摇曳的树，甚至是对面五颜六色的寺庙，都变成这座寺庙美丽色彩的一部分。

皇帝被这庄严的寺庙深深地感动了，当然我们也知道最后的胜负了。

人的心就像座寺庙，不需要用各种精巧的装饰来美化，需要的只是让内在原有的美无瑕地显现出来。

永不满足的欲望一方面是人们不懈追求的原动力，成就了『人往高处走，水往低处流』的箴言；另一方面也是『有了千田想万田，当了皇帝想成仙』的人性弱点。

在生活中，人们总喜欢抓点什么，房子、金钱、名利……抓得世界『五彩缤纷』，抓得自己精疲力竭。

心安人静，若以宁静而无杂念的心去看世界，虽然它并没有变样，你却能享受到那份平淡中的永恒。

即使拥有整个世界，一天也只能吃三餐。这是人生思悟后的一种清醒，谁真正懂得它的含义，谁就能活得轻松，过得自在，白天知足常乐，夜里睡得安宁，走路感觉踏实，蓦然回首时没有遗憾！

【原文】

一五二 有一念而犯鬼神之禁，一言而伤天地之和，一事而酿子孙之祸者，最宜切戒。

【译文】

有的人因一念之差，触犯了禁忌；有的人一句话不当，便破坏了人世间的祥和之气；有的人一件事做错，便导致子孙后代遭殃。这些都是必须特别加以警惕和杜绝的。

【原文】

一五三 事有急之不白者，宽之或自明，毋躁急以速其忿；人有操之不从者，纵之或自化，毋操切①以益其顽。

【注释】

① 操切：办事过于急躁、严苛。

【译文】

世上有很多事，越是急切想弄明白越是糊涂，所以不如先缓一下，或许头脑冷静之后就会水落石出，千万不能太急躁，以免增加情绪上的紧张；世上有很多人不愿意服从指挥，这时不如由着他，或许他会慢慢觉悟过来，千万不能操之过急，以免使他更加顽抗。

【品读】

明朝李清的著作《三垣笔记》记载了一件事：

菜根谭

崇祯有一天在宫里无意中听到自己最宠爱的田贵妃在独自抚琴，心中十分怀疑，便询问贵妃的琴艺师从何处，贵妃说是母亲自幼教授的。第二天，崇祯立马将贵妃的母亲召入宫中，田母与贵妃对弹，崇祯才释然作罢。崇祯对于自己的后宫宠妃尚且如此猜忌，对于手下的朝廷重臣、封疆大吏便可想而知了。

他在位十七年，频繁更迭阁部臣僚，多次诛杀督抚大吏，其中总督有七人，巡抚有十一人。内阁重臣更频繁替换，先后用了近五十人，崇祯用人多疑，举措乖张，有恩不欲归下，有过全盘推脱。袁崇焕一案更是崇祯自毁长城。镇守边关的辽东巡抚袁崇焕被以『谋叛』大罪论死，随着刑场上的千刀万剐，大明江山也支离破碎。『自崇焕死，边事益无人，明亡征决矣。』

崇祯的多疑与偏执使得他对于朝臣的态度复杂多变。对身担重责的大臣，崇祯通常是先寄予极大的甚至是超出实际的期望，一旦令其失望之后，又一变而为切齿愤恨，必杀之而后快。

崇祯以唯才是用为标准，可是不懂得真正用人。一个领袖最不应该多疑、偏执，即便到了刻不容缓的时候也绝不过分紧张在乎人才。真正有智慧的人，是光明磊落的，即使有所疑虑，即便到了刻不容缓的时候也绝不过分神经，而是放松自己，努力缓解氛围，给下属一个宽松的环境，以此调动积极性，助成大事。

唐代大文学家韩愈说：古代的资能之人，要求自己严格而全面，所以才不懈怠懒散；对待别人宽容而简约，所以别人乐于为善，乐于进取⋯⋯现在的人却不这样，他对待别人总是说：某人虽有某方面的能力，但为人不足称道；某人虽长于干什么事，但也没有什么价值。抓住人家的一个缺点，就不管他有几个优点；追究他的过去，不考虑他的现在。提心吊胆，生怕别人得到

一五四 节义傲青云，文章高白雪，若不以德性陶镕之，终为血气之私①、技能之末。

【注释】

① 血气之私：个人意气。

【译文】

高尚的节操足以鄙视高官显爵，生动的文章足可以胜过阳春白雪，但如果不用高尚的道德来陶冶锤炼，使其升华，那么终究只能是一时冲动下的幼稚举动、不值得一提的雕虫小技罢了。

原文

了好名声，这岂不是对人太苛刻了吗？

对待别人太苛刻的人，只能落得个孤家寡人，众叛亲离，他们不可能很好地去用人，当然也没有人愿意与这样的人共事，为这样的人效力。所以春秋时五霸之一的齐桓公说：金属过于刚硬，就容易脆折，皮革过于刚硬则容易断裂。为人主的过于刚硬则会导致国家灭亡，为人臣过于刚强则会没有朋友，过于强硬就不容易和谐，不和谐就不能用人，人亦不为其所用。

心急喝不了热粥汤，这个道理人人都懂，但无论是在事业上，还是学业上，常会遇到一些难以解决的问题，有些人就会被这个大问号套住了，越钻研，越想弄明白，却陷得越深。这个时候不妨放松自己的心情，去浮戒躁，多给自己一些时间，如此，问题反而能迎刃而解。

菜根谭

【品读】

有一家钟表店门庭冷落，不太景气。一天，店主贴出了一张纸，上面说，本店有一批手表，走时不太精确，二十四小时慢二十四秒，望君看准择表。

纸一贴出，很多人都迷惑不解，更有店主的好友前来询问。店主坦率地说：「诚实是我开店的原则，我不会为了个人私利而损害大家的利益。」

出人意料的是，不久后，表店的生意开始好转，门庭若市，生意兴隆，很快便卖完了之前积压的手表。

正是因为店主有着非同一般的品格，他才能做出这样的决定。也许很多顾客是被店主诚实的做人态度所感动，才愿意走进这家表店。俗话说，做人要美，做事要精，立业先立德，做任何事情，都是从学做人开始的。如果连人都做不好，还谈什么事业。

虎啸深山，龙潜海底，驼走大漠，雁排长空，万物都有它的极致之美。人生亦然，也有自己的极致。

人生匆匆，如白驹过隙，如流星划过，我们不能选择生命的长度，但我们能够拓展生命的宽度，为短暂的人生增添更为动人的一笔。

一个真正的高人，能坚持操守，以道德文章行世，博大、仁爱、坦荡无私、顺其自然。而那些空洞浮华的东西，不是心血所化，只是矫饰，历代文人都避而远之。谦虚待人，文采自然斐然；胸襟开阔，文章自然高逸。

明末清初著名学者顾炎武学识渊博，治学严谨，写有《日知录》。他结交了许多有学问、有道德的人，虚心向他们求教，从不因自己知识渊博而自满。顾炎武说：『意志坚定、信念不移不如王寅旭；探索微妙的知识，不如杨雪臣；精通「三礼」，经学卓越，不如张稷若；独来独往，不参与俗世的纷争，自得其乐，不如傅青主；艰苦努力，自学成长，不如李中孚；历尽艰辛，与时进退，不如路安卿；博闻强记，知识渊博，不如吴志伊；文章典雅华美，立意敦厚，不如朱锡鬯；为学不倦，不如王山史；深研「六书」，信而好古，不如张力臣。至于在政治上显达，现居官位而值得称道的人还有很多，当然不是我这样的布衣之士。」

由此可见，顾炎武作为一代文学大师，却不耻下问、学而不厌、广师敬贤。这也正是他能够超越同时代的人的主要原因。

人的品行、德行就是「德」，自古「才」与「德」并重，形容一个人最好的词语就是「德才兼备」。才能、资质属于才的方面，骄傲、吝啬属于德的方面。也就是说，一个人如果才高八斗而德行不好，那么难以得到赏识，只有德才兼备才是优秀的人才。无论在生活中还是在事业中，要以道德作为基础，只有品德高尚的人，才能获得真正的成功。

一个道德高尚的人不但能够使自己成就不凡的人生，而且可以感化周围的人，使善的力量遍及人间。

因此，每个人都要培养自己的品德，做道德的践行者，造福周围的人。

【原文】

一五五　谢事①当谢于正盛之时；居身宜居于独后②之地。谨德须谨于至微之事；施恩务施于不报之人。

① 谢事：辞去官职。②独后：形容与世无争的状态。

【译文】

退隐家园不问世事，应当在事业巅峰的时候急流勇退；而平时居家养生度日最好选择一个与世无争的安宁之地，以便修身养性。要想敦品励行，必须谨慎地从小事做起；要想帮助别人，就不要考虑回报。

【原文】

一五六　交市人不如友山翁；谒朱门不如亲白屋①；听街谈巷语，不如闻樵歌牧咏；谈今人失德过举，不如述古人嘉言懿行。

【注释】

① 白屋：用茅草覆盖的房屋，指贫苦人家的住所。

【译文】

与其结交市井小人，不如结交山野村夫；与其巴结富贵豪门，不如亲近平民之家；与其谈论街头巷尾的是非，不如去听牧童的歌谣；与其批评别人的品德和行为，不如传述圣贤高尚美好的言行。

【原文】

一五七　德者，事业之基，未有基不固而栋宇坚久者。心者，后裔之根，未有根不植而枝叶荣

【译文】

高尚的品德是一个人事业的基础，这就如同盖房子一样，地基不稳，那房屋就不可能坚固。一个人能有一颗善良的心，就等于为后代子孙种下了幸福的根苗，这就好比栽花植树，从来没有根系不稳而枝叶繁茂开花结果的。

【原文】

一五八　前人云：『抛却自家无尽藏，沿门持钵效贫儿。』又云：『暴富贫儿休说梦，谁家灶里火无烟？』一箴自昧所有，一箴自夸所有，可为学问切戒。

【译文】

古人说：『何苦放着自家无穷无尽的财富，却要沿街乞讨学穷人的样。』又说：『侥幸发财的贫家子弟，切莫忘乎所以到处夸耀，谁家的炉灶不冒烟呢？』

【原文】

一五九　道是一重公众物事，当随人而接引；学是一个寻常家饭，当随事而警惕。

【译文】

『道』寓于普通事物之中，随着个人的实践而领悟。做学问就像家常便饭那样普通，因而应该随着遇到不同的事情而保持警惕。

【原文】

一六〇 信人者，人未必尽诚，己则独诚矣；疑人者，人未必皆诈，己则先诈矣。

【译文】

一个信任别人的人，别人虽然未必诚实，但他自己却诚心待人，先做到了诚实；一个猜疑别人的人，别人虽然未必奸诈，但他自己却先成为虚情假意的人。

【品读】

诚实守信是中华民族的传统美德，是立身处世的根本。为人以诚，待人以信，不但是人的内在品质和精神要求，也应该是社会的规范。以诚信待人，首先要保证自己本身是诚实的，只有这样才能赢得别人的信任；同时，怀疑他人是要不得的，即便竭力去掩饰，不经意的举动也能把内心的狡诈暴露无遗。也许有一天，一个人会失去所拥有的地位、财富、权力，但是做人的信用不会被时间冲刷掉，它是无形的人生财富。历史上，大凡品德好的人一定是讲求诚信的人，而诚信的人更容易感化他人，实现自己的理想，成就大的事业。

诸葛亮率领军队屯驻汉中，由于连年征战，士卒苦不堪言，怨声四起。诸葛亮把军队分为两班，一班作战，一班休息，定期轮换，以此减轻士卒的辛劳。

诸葛亮部署军队准备进攻陕西，长史杨仪报告说：'换防的部队快到了，现在的军队有四万人需要休息。'

诸葛亮立即命令要休息的部队准备撤离。正当四万多人撤离之际,魏军突然发起攻击。杨仪建议,先把这四万人留下参战,等打完仗再撤离。诸葛亮说:"我调兵遣将,以诚信为本,得利失信,古人所惜。现在军情再紧急,我也不能对将士失信。"将士们听到魏军袭来的消息,谁也不肯撤离。诸葛亮劝说大家道:"既然父母妻子倚门而望,在等待着你们,我就不能再让你们作战,耽搁与家人团聚的时间。"大家听了,倍感亲切,都说:"丞相这样关怀我们,我们理应与你们并肩作战,现在魏军打来了,我们怎能坐视不管呢?"诸葛亮拗不过大家,就命令这些将士严阵以待,抗击魏军,结果打了一场大胜仗,士气大振。

诸葛亮能够让魏军败绩而归,关键在于他的诚信感动了部下,赢得了他人的尊重。于是,才有部下死心塌地、不顾一切地为他冲锋陷阵。

诚信是一种智慧,不论组织或个人,信用一旦建立起来,就会形成一种无形的力量,成为一种无形的财富。一个诚信不欺、一诺千金的人往往易于得到认可,获得帮助。从某种意义上说,诚信就是一个人的生存资本。

不管做人、处世,还是为政,诚信都是关键所在。唯有遵守对他人的承诺,他人才会将心交于你,并且团结在你的周围,给予你存世的支撑。倘若你历来以违背誓言为生活的基本准则,只为小便宜处处失信于人,不但会失去朋友,还会失去你所得到的一切,令自己变得孤立无援。

人因诚信而立,做人须诚信对人,诚信对己。诚信是一轮万众瞩目的圆月,唯有与莽莽苍穹对视,才能沉淀出对待生命的真正态度;诚信是高山之巅的纯净水源,能够洗尽浮华,洗尽躁动,洗尽虚伪,留下启悟心灵的妙谛。

菜根谭

【原文】

一六一 念头宽厚的，如春风煦育，万物遭之而生；念头忌刻的，如朔①雪阴凝②，万物遭之而死。

【注释】

①朔：北方。②阴凝：雪因阴冷而久积不化。

【译文】

一个胸襟宽广、忠厚的人，就像和煦的春风，吹拂万物，给万物带来勃勃生机；一个胸襟狭隘刻薄的人，就像严冬的冰雪寒凝大地，给万物带来杀气。

【原文】

一六二 为善不见其益，如草里冬瓜，自应暗长；为恶不见其损，如庭前春雪，当必潜消。

【译文】

行善事表面上可能看不到什么好处，但就像一个长在草丛中的冬瓜，自然会在暗中一天天结果长大；做坏事的人，虽说表面上看不出有什么坏处，但就像春天院子里的积雪，只要阳光一照射自然就会融化消失。

【原文】

一六三 遇故旧之交，意气要愈新；处隐微之事，心迹宜愈显；待衰朽之人，恩礼当愈隆。

【译文】

遇到多年不见的老朋友，要真诚而热情；处理某种秘密的事情，要坦诚，对待年老力衰的人，要殷勤，礼节要特别周到。

【品读】

任昉是南朝梁著名的作家，以散文著称于世，时人把他的文章和沈约的诗相提并论，誉为"沈诗任笔"。

任昉喜爱交朋友，任御史中丞时，热情好客的他几乎每天都邀请文友到家中饮酒赋诗。除此之外，任昉还经常和友人张率、到溉、陆倕等人游山玩水，颇有兴致。他们的聚会游玩号称龙门游，又称兰台聚。这些朋友聚在一块，总是会称赞任昉绝妙的文笔，并且信誓旦旦地要与之保持永久的友谊。但是，任昉死后，家道中落，生前的好友再也没出现在任家，而任昉的儿子们也只好过着异常穷困的生活。

有一天，学者刘峻偶遇任昉的儿子西华，听他说完任家的近况后，深感愤慨：那些称千秋万代都要成朋友的人，都跑到哪里去了？于是，提笔写了一篇《广绝交论》，刘峻在文章中将朋友分为几种类型，有以贿赂交、以权势交、以贪富交、以善谈交、以气量交等，特意来讥讽任昉生前的旧友，慨叹人心的险恶。

这篇文章传开后，那些旧时的朋友，纷纷感到不安，深感惭愧。

任昉满腹才华，家庭富有时，门庭若市。而当他死后，家道中落，后代却无人问津，这听起来未免有些悲凉。人是需要关怀和帮助的，也最为珍惜自己在困境中得到的关怀和帮助。有人说，真正的朋友是雨中的一把伞，是雪中的一捧炭，是寒室中温暖的棉被，是佳肴中不可缺少的盐。人们总会在现实生活中遇到一些困难，遇在别人富有时送他一座金山，不如在他落难时送他一杯水。

菜根谭

菜根谭

【原文】

一六四　勤者敏于德义，而世人借勤以济其贫；俭者淡于货利，而世人假俭以饰其吝。君子持身之符，反为小人营私之具矣。惜哉！

【译文】

勤勉本来应该用在修养道德情操上，但有人把它用在贪婪地搜刮财物上；俭朴本来是教我们要放下财到一些自己解决不了的事情，这时候，如果能得到别人的帮助，他们将会铭记在心，感激不尽。帮助别人不一定是物质上的帮助，简单的举手之劳或关怀的话语，就能让别人产生感动。

有许多曾经被我们一度引以为近友的人，由于经不起漫漫岁月的消耗，渐渐远离。剩下的一些，有的或许能一同走完生命的长路，有的依旧慢慢地分离。对于早年的交情，理当珍惜，失去它是件非常可惜的事情。尽管常常可以摆出许多理由说自己只是出于无奈，性格、志趣越来越不相投，对方的缺点越来越多等，但是这些常常只是逃避的借口。

喜新厌旧是很多人都犯过的毛病，交了新朋友就会渐渐疏远旧日的朋友，这不算是真正的朋友。即便平时真的忽略了，当朋友有了困难，这个时候应该挺身而出。

人常说，『三十年河东，三十年河西』，今天对别人真心相助，说不定哪一天陷入困境，求助于别人的人成了自己。不仅如此，如果能做到帮助曾经伤害过自己的人，不但能显示博大的胸怀，而且还有助于『化敌为友』，为自己营造一个更为宽松的人际环境。

物货利的工具，真是令人感到惋惜。

菜根谭

【原文】

一六五 凭意兴作为者，随作则随止，岂是不退之轮；从情识解悟者，有悟则有迷，终非常明之灯。

【译文】

凭一时感情冲动和兴致做事的人，等到热度一过事情也就跟着停顿下来，这哪里是长久奋发向上的做法呢？从情感出发去领悟真理的人，有时领悟，有时也会被感情所迷惑，这也不是永久光亮的灵智之灯。

【品读】

一个农夫用茅草搭建了一所房子，在他的辛苦劳作下，渐渐将房内的日常用品齐备了。但是令他心烦的是，房间里面鼠害成灾。他虽然有满腹的牢骚与怨气，但又无计可施。

有一天，农夫心烦喝了点酒，躺床上睡觉，但是房间的老鼠闹得厉害。农夫火冒三丈，一时气愤，点了一把火，竟然将茅草房烧了个精光。

火虽然将老鼠烧没了，但也烧光了农夫的家业。愤怒是一种很常见的情绪，往往三两句话不对，或为了一点芝麻绿豆大的事情就大打出手，意气行事。

有这样一句谚语：『想知道对方的缺点，最简单的方法就是激怒对方。』因为凡是凭着意气做事的人，

物货利，但有人借口俭朴而掩饰其吝啬的本性。勤勉和俭朴本来是君子立身的法宝，反而变成卑鄙小人谋

在被激怒的那一刻便将自己全部的缺点暴露无遗，这个时候对手也就抓住了可乘之机。

做事盲目冲动、感情用事常常会导致不能承受的严重后果。冲动的情绪是缺乏冷静与理性的结果。如果不注意培养自己冷静理智、心平气和的性情，一旦碰到『导火线』就会盲目行事，甚至连情绪都会失控，最后只会让自己陷入自戕的图圈。

西楚霸王项羽为人意气用事，对自己的本性很少加以控制，他『善』的一面会令人感动，例如见到士卒受伤会亲自看望，甚至感动落泪，他对虞姬的深情厚谊令古今无数女子动容，他因无颜见江东父老而自刎，更是树立他悲剧英雄的形象，但是他的『恶』也是令人发指，动辄屠城，坑杀二十多万投降秦兵。进入关中后，项羽从不考虑咸阳的富饶能给自己未来的江山奠定基础，只是一味烧杀掳掠，让古都咸阳变成一片废墟，让百姓敢怒不敢言。

项羽生性随意，率性施为，做任何事情都以感情作为行动的指导，枉费满腔意气。

项羽是个性情中人，但是过于随性，从情感出发，容易引发心中的一时兴起，最后冲动行事。

人是有感情的动物，表达情绪是无可厚非的，但是，如果不加控制地任意表达，就成了一时冲动的宣泄，而此时冲动者就成了一个最软弱、最容易被打败的人。控制自己的冲动是件非常不容易的事情，因为我们每个人的心中都存在着理智与感情的斗争。冲动会使人丧失理智。所以在情绪冲动时，不要轻易行动，否则会将事情搞得一团糟。谨慎之人在察觉到情绪冲动时，会立刻控制并使其消退，用冷静代替冲动，避免因热血沸腾而鲁莽行事。

【原文】

一六六　人之过误宜恕，而在己则不可恕；己之困辱宜忍，而在人则不可忍。

【译文】

别人有了过失应当宽恕，而对自己的错误不能轻易原谅；自己遭到困窘和屈辱，有时应当默默忍受，而看到别人有了困窘和屈辱时，则应挺身而出。

【品读】

朝廷里有位高官这日在家中宴请宾朋，酒过三巡之后，高官向一旁的悬云观道士请教道：「怎样才能提高一个人的修养？」

「从最根本做起。」

「愿闻其详。」

「在你对别人求全责备的时候，想想自己是不是已经做到了，在指出别人不对的时候，看看自己是不是做正确了。所谓『宽以待人，严于律己』便是此理。」

道士之言说出了最简单也最明了的为人之道：待己要严，待人要宽。任何事物都离不开规则的束缚，要想成就大的事业，必须要善于律己。人要时时自省，在不断地完善自我的过程中获得对自己有价值的东西，提高自我。

严于律己，才能以平心容人，这是一个人对自己基本的道德要求。严格对待自己，使自己不要轻易犯错误；宽容对待别人，既是给别人机会，也是给自己空间。

菜根谭

唐代狄仁杰非常看不起娄师德,但实际上娄师德并不计较这些,并推荐狄仁杰当宰相。还是武则天捅开了这层窗户纸。

有一次武则天问狄仁杰说:"娄师德贤能吗?"

狄仁杰回答说:"作为将领只要能够守住边疆,贤能不贤能我不知道。"

武则天又说:"娄师德能够知人善任吗?"

狄仁杰回答:"我曾经与他共事,没有听到他能够了解人。"

武则天说:"我任用你就是娄师德推荐的。"

狄仁杰知道后非常惭愧,尽管自己经常对他嗤之以鼻,但是娄师德仍然能以宽厚、公平的心来对待自己。他深深地感叹道:"娄公德行高尚,我已经享受他德行的好处很久了。"

娄师德不仅不计前嫌,反而向皇帝推荐狄仁杰,正所谓任人唯贤,这种品质非常难得。包容别人,也会给自己创造更大的心灵空间。而这一点,正是"人之过误宜恕"的一种解读。他的德行不仅体现在他的宽容上,也体现在他的不计前嫌上。而这种不计前嫌也是一种自律、自制的表现。

许多时候,自律加宽容才是贤人所说的自省自戒的至高境界。

有人说:只要有人的地方,就会有争斗。若想与他人和平相处,不仅需要内在自省的修为,还要有外在的宽容。只有双管齐下才能拥有良好的人际关系网。《菜根谭》说的"人之过误宜恕,而在己则不可恕;己之困辱宜忍,而在人则不可忍",就是暗指此理,在我们的生活中,缺少自省和宽容中的任何一个,都会陷入泥潭而难以挣脱。

【原文】

一六七　能脱俗便是奇，作意尚奇者，不为奇而为异；不合污便是清，绝俗求清者，不为清而为激。

【译文】

能够脱离庸俗习气的便是奇人，假如挖空心思刻意追求新奇，那不是奇而是怪异；不同流合污便是清高，假如为了表示清高而和世人断绝往来，那不是清高而是偏激。

【品读】

一个人有了一定的才气与能力，自然身价倍增。但这并不是骄傲的资本，更不能因此而自恃清高，或不把别人放在眼里，或与世隔绝，标榜自己的与众不同。

清高是一种美德，不要造作；脱俗是一种节操，但不必矫揉。前者容易偏激，后者则容易怪诞。因此，清高与脱俗在于心中的感知，不必过分夸饰。

魏晋时期，统治阶级集团内部的矛盾斗争特别尖锐，司马氏与曹魏贵族两大集团为争权夺利，互相钩心斗角。很多士大夫因为依附了一方而遭到对方的仇视，最终做了政治斗争的牺牲品。因此，在这样的特殊时期，如何在乱世中保全自己的性命，成了许多人不得不思考的问题。

孙登是汲郡共人，他孑身一人，就在北山上挖了一个窑洞隐居下来，到了夏天他为自己编草做衣，到了冬天便蓄长发覆身，孙登平生喜爱读《易经》，悠闲无事之时还常弹琴以供娱乐。孙登的性格温良，从来不生气。有一次，几个人商量好要故意捉弄孙登，把他抬起来丢到水里，想要看看他是否真和传言中一

菜根谭

样不会发怒。过了一会儿，孙登湿淋淋地从水中爬起来，不但没有生气，反而哈哈大笑，毫不介意。这时，大家都无话可说了。

当时的名士嵇康受魏文帝所托，前去拜访孙登，并且同他一起生活了三年，嵇康问孙登人生的目标是什么，他默不作声。直到后来嵇康要回去了，告别的时候对孙登说：『先生难道就真的没有任何话要跟我讲吗？』

孙登这时才说：『你认识火吗？火生起来就有光焰，如果不会用光，光就如同虚设，没有实际的作用。只有懂得用光，光才会有意义。人一生下来就有才能，但如果不会使用自己的才能，便会招来祸害。因此，用光焰在于得到木炭，才能保持光明，用才能是为了认识事物的本来面目，获得道德的真才，这样才能保住自己的生命。现在，你虽然很有才，但孤陋寡闻，见识浅薄，很难脱离世俗的环境，希望你谨慎。过于想发挥自己的才能，就很容易招惹是非，除了让别人知道自己的才能之外，人生是还有别的追求的。』

嵇康没有听孙登的话，后来终于应了孙登的预言，最终被司马昭以不忠于朝廷等罪名给杀害了，死时只有三十九岁。临终之时，他才后悔不迭。

孙登并不是消极应世，只是在保全自身，而嵇康不懂得掩饰自己的锋芒，从而导致遭人忌恨，最后被杀。世界上有很多这样的理想主义者，在他看来，自己就像坠入凡尘的天使，周围的一切都应该根据自己的需要而设定，因此周围的人都可能会被他贬为『俗物』。《红楼梦》给妙玉的判词是『好高人愈妒，过洁世同嫌』。这样的人，难免会惹人厌烦，何况他自己也未必真的能达到高洁的境界，妙玉不就是『云空未必空』吗？因此最后连自己也给否定了。

孤芳自赏、自恃清高的人很容易刚愎自用，听不进别人的善意谏言，行事恣情纵意，到头来可能因此而得罪他人，断了自己的后路。与世隔绝，不一定能够达到高洁的目的。在世俗的环境里，修身养性，做到洁身自好，才算是清高与脱俗。

【原文】

一六八 恩宜自淡而浓，先浓后淡者，人忘其惠；威宜自严而宽，先宽后严者，人怨其酷。

【译文】

对别人施恩应当由少到多，如果开始多后来少，别人就会忘记你的好处；在别人面前树立威严应当先严厉一些，然后逐渐宽缓，假如先宽缓后严厉，别人就会抱怨你太冷酷。

【原文】

一六九 心虚则性现，不息心而求见性，如拨波觅月；意净则心清，不了意而求明心，如索鉴增尘。

【译文】

只有内心没有杂念，人的真实本性才会显现，如果不使心神宁静而想见真性，那就像水中捞月是不切实际的幻想；只有意念澄净，脑海才会清明，如果不消除烦恼而想心情开朗，那就等于想在布满灰尘的镜子前照出自己的身影，根本是不可能的。

菜根谭

【品读】

只有内心没有杂念，保持清净、宁和的心境，人的真性情方能出现。相反，内心满是杂念，心神不宁，只会令生活忙乱。就好像拨开水找水中的月亮，越拨就越是找不到。

从前，有个名叫弈秋的人，他的棋艺水平闻名全国。每隔两年，弈秋大师都招收两名徒弟，这一次，他的徒弟是两个年轻小伙子，一个叫东木，一个叫西木。弈秋讲棋有个习惯，总是闭着眼睛讲解，用手摸着棋子出着，并不监督徒弟们学习的态度，全凭他们的自觉来掌握棋艺。

开始时，东木和西木都能够全神贯注地听老师讲课，有时，两个人还时不时打断弈秋的讲解，提出各种疑问。晚上回到住宿的地方，两人往往兴致未尽，在院子中互相切磋棋艺，其水平不相上下，进步很快。

一年后，东木和西木回家看望亲人。在经过一片林子时，他们恰好看到一个英俊的猎人，拉弓搭箭，一下子射落一只正在高飞的鹰。这情景深深地吸引了西木，给他留下难忘的印象。回到老师身边，东木和西木学棋的态度有所不同了。东木学棋的兴致越来越浓，西木呢，西木却感到整天学棋太枯燥了。东木听老师讲解棋谱时，专心致志，用心去领会老师说的每一句话；西木呢，他还隐隐约约地听到鹰的叫声，眼前不时浮现猎人射鹰的英姿。有时，他对猎鸟更感兴趣，总惦记着鸿鹰是不是正在天上飞呢。

又一年过去了，东木和西木学艺期满。弈秋让两位徒弟对弈，检验他们的棋艺。结果呢，当然是东木棋高一筹，把西木『杀』得落花流水。

弈秋大师看完两位徒弟的棋局，感慨地说：『初学时，我闭目教棋时听你们两人的回答，认为你们同样的聪明；后来，我闭目教棋时只听到东木一个人的回答，西木的心已经飞走了，所以我明白东木才是我真正的徒弟。"

由于心中装着杂念，没有了清净，西木便再无心思学习下棋，他与东木的棋艺水平也逐渐拉开了距离。

清净之心能够提高人的人生境界。清净之心就是一粒小小的种子，虽然外表看来微不足道，但其中蕴涵着最伟大的力量，凭借这种力量，能够提升自身的境界。

人心不净，就会陷入各种诱惑、迷惘中不能自拔，从而难以享受生命中最本真的快乐。作家杨绛先生有一篇散文叫作《洗澡》，文中的内容很特别，她说的洗澡不是沐浴，而是给心灵洗澡，也就是净化和荡涤身心。洗去心灵的尘垢，就能够以一种轻松快乐的心态去直面生活。

其实，净心并不玄妙，它实际上就是一种积极、快乐、简单的状态。不断加强自身的修养单纯而简约的幸福会不期而至。

【原文】

一七〇　我贵而人奉之，奉此峨冠大带①也；我贱而人侮之，侮此布衣草履也。然则原非奉我，我胡为喜？原非侮我，我胡为怒？

【注释】

①峨冠大带：高帽子和阔衣带，是古代士大夫的装束，这里指官位。

【译文】

有权有势的时候，人们奉承我，这是奉承我的官位和乌纱；贫穷低贱的时候，人们轻蔑我，这是轻蔑

菜根谭

我的布衣和草鞋。可见根本不是奉承我，我为什么要高兴呢？同样，根本不是轻蔑我，我又为什么要生气呢？

一七一

【原文】

"为鼠常留饭，怜蛾不点灯。"古人此等念头，是吾人一点生生之机。无此，便所谓土木形骸而已。

【译文】

"为了不让老鼠饿死，常留一点剩饭；为了不让飞蛾烧死，夜间不点灯火。"这是人生的大智慧。

【品读】

春秋时期，郑国有个大夫叫公孙侨，字子产。他心地仁厚，常济贫并救人于危难，喜欢行善，特别是从不杀生。

一天，一个朋友送给子产几条活鱼。这些鱼很肥，做成菜肯定是一道美味。子产非常感激朋友对他的关怀，高高兴兴地收下了礼物，然后吩咐仆人道："把这些鱼放到院子里的鱼池里。"他的仆人说："老爷，这种鱼是鲜有的美味。如果将它们放到鱼池中，池里的水又不像山间小溪那样清澈，鱼肉就会变得不松软，味道也就不会那么好了。您应该马上吃掉它们。"子产笑了："这里我说了算，照我说的去做。我怎么会因为贪图美味就杀掉这些可怜无辜的鱼呢？我是不忍心那样做的。"

仆人只得遵照命令。当仆人把鱼倒回池中时，眼见鱼儿悠游水中，浮沉其间，子产不禁感叹说："你们真幸运啊。如果你们被送给别人，那么你们现在已经在锅中受煎熬了！"

孔子称赞子产："有仁爱之德古遗风，敬事长上，体恤百姓。"子产是如此聪明和善良，中国的老百姓都非常尊崇他。做人应该像子产一样常怀慈悲心，如果铁石心肠，那么世道冷漠，欢乐何在？治家、睦邻、择友，都带一点慈悲，则令人如沐春风，浑身温暖。

大自然原本就是一个和谐的整体。长存一颗慈悲心，不仅仅是一种博大的情怀，更是对人生和自然的一种理解和顿悟。

颜色漂亮的蘑菇看上去很美，但往往有毒，只能远观而不可品尝；绚烂的花朵，令人欣羡，却可能是捕食其他生命的陷阱。世间的美并非都与善相关，而所有的善行，却都是美丽的，即使没有光鲜的外表。

做人以善良为根，正直为干，丰富的情感为蓬勃的枝丫，这样才能结出美丽的果实。帮助身边正遭受痛苦和不幸的人，犹如在风吹落叶中扫出一条可供行走的宽阔大道。

慈悲仁善可以匡扶世间的正义，能够带来无限温暖。善不在大小，只要为善，善举便可得回报。我们在说出善言、做出善事时，虽然无心求得回报，可是当我们付出这些时，心灵却在瞬间被充满。如果人人都能这样去做，那么世间自会少些争执和计较。当一个世界没有怒气、没有争斗时，生活就会充满幸福。

播下慈悲的种子，世人都可享用丰硕的果实，留下几句仁爱的语言，世间将充满和风。种子探头笑，和风拂柳枝，此中风情，此间美丽，都令人心中漾满欢喜。

【原文】

一七二　心体便是天体，一念之喜，景星庆云①；一念之怒，震雷暴雨；一念之慈，和风甘露；

一念之严，烈日秋霜。何者少得，只要随起随灭，廓然无碍，便与太虚同体。

【注释】

① 景星庆云：景星是星名，古谓现于有道之国。庆云，五色彩云，古人视为祥瑞之气。

【译文】

人的内心世界好比是多姿多彩的大自然。高兴之时，就有景星庆云般的祥瑞；愤怒之时，就有雷电风雨般的暴戾；慈悲之时，就有和风甘露般的温润；冷酷之时，就有烈日秋霜般的肃杀。这些情感人人都有，看开了，不郁积，才得自然之道。

一七三 无事时，心易昏冥，宜寂寂而照以惺惺；有事时，心易奔逸①，宜惺惺而主以寂寂。

【注释】

① 奔逸：纵逸奔放。

【译文】

清闲无事时，心容易陷入迷乱，就应以平静的心态来解决问题；事务繁忙时，心容易陷入冲动，就应以冷静的头脑控制冲动的感情。

【原文】

一七四　议事者，身在事外，宜悉利害之情；任事者，身居事中，当忘利害之虑。

【译文】

评论事情的人，因置身事外，应了解事情的始末而公正地评出是非；处理事情的人，因置身事中，应忘记个人利害得失而专心谋事。

【品读】

有一句话叫作『不入虎穴，焉得虎子』，如果没有挺身入局的勇气，就不会达成想要的目标，实现自己的志向。关于成功的标准，每个人都不同，相同的是每个人都要真正为自己想取得的成功拼搏。

旁观者清，当局者迷。当沉迷于某一件事，躬亲入局，全身心投入之时，常常又难以看清楚事情的是非曲直，因此而犯大错误。所以，在说任何话、做任何事情之前，首先要把自己置身于事外，抛却个人的利害得失，这样才能看得清楚，分得明晰。

春秋时期，晋国国君动用大量人力物力，准备修建两座九层高台以供享乐之用。因工程浩大，三年都不能竣工，劳民伤财，民怨沸腾。晋国国君为堵住众臣的进谏，竟然下诏令说：任何人不得异议，否则杀头。

有个叫荀息的官吏见了晋国国君，上书求见。晋国国君张弓搭箭专等荀息到来，打算只要荀息一开口提这事，就射死他。谁知荀息见了晋国国君，并没有提及此事，而是很轻松地说：『我哪里敢给大王提什么意见，只想表演个小把戏。我能把十二个棋子堆起来，在上面还能摆九个鸡蛋，不知大王您相信不相信？』晋国国君听了很觉新奇，便让荀息表演给他看。荀息堆起十二个棋子，然后一个一个地往上放鸡蛋。旁边的人

菜根谭

担心鸡蛋会掉下来摔碎,都紧张地屏住呼吸。晋国国君也十分紧张,连喊:"危险!危险!"荀息说:"这算什么危险?还有比这更危险的呢!"晋国国君问:"什么比这更危险呢?"荀息趁机对晋国国君说:"九层的高台三年尚未竣工,老百姓都去筑台,国库空虚,百姓困乏,邻国就会抓住机会进犯我们。国家眼看就要灭亡了,国内已没男人耕田,没女人织布了。大王您不感到危险吗?"听了这一番话,晋国国君终于有所感悟,于是下令停止建台。

荀息摆蛋谏晋国国君,在于他置身于事外,看得清事情的是非曲直。而沉浸在荒淫中的晋国国君却完全不知晓,一心只顾自己的享乐。经荀息一点拨,如当头棒喝,终于警醒。

【原文】

一七五　士君子处权门要路,操履要严明,心气要和易,毋少随而近腥膻①之党,亦毋过激而犯蜂虿②之毒。

【注释】

①腥膻:比喻人间丑恶污浊的现象。②蜂虿:比喻狠毒凶残的人。

【译文】

德才兼备的人身居高位时,操守一定要严谨公正,行为光明磊落,心境平和稳健,气度宽宏大量,不可以接近或附和营私舞弊的奸邪之徒,但也不要表现得过分偏激,以免遭到阴险小人的算计。

【原文】

一七六　标节义者，必以节义受谤；榜道学者，常因道学招尤。故君子不近恶事，亦不立善名，只浑然和气，才是居身之珍。

【译文】

标榜自己有节义的人，必将在节义方面受到诽谤；标榜自己坚持道学的人，必将在道学问题上招致怨尤。因此，正直的人既不沾染恶事，也不标榜美名，只是朴朴实实，和和气气，这才是立身处世的法宝。

【品读】

自古以来，谦虚就是一种美德。「月盈则亏，水满则溢」，这是自然界的规律；「谦受益，满招损」，这是人世间的常情。不管一个人的才华多么出众，但如果他喜欢自我炫耀、骄傲自大往往会招致别人的反感，最终而吃大亏。

才高招妒，德高招谤。高明的人，既要努力提高自己的学养和修为，又要随和谦达，谦逊待人。曹魏时有个叫王昶的刺史就要求自己的儿子要谦逊和气以保自己的平安。

魏明帝下诏，要求每位公卿都向朝廷举荐一位德才兼备的人。司马懿推荐的人才是兖州刺史王昶。王昶平日为人谨慎、宽厚，他在教导后辈时常说：「成长快的生物，往往死得也快，而成长慢的生物往往衰亡得也相应比较慢。比如某些植物，早晨开花常常在晚上就凋零了。而松柏虽然生长缓慢，但即使在严冬也能保持经久不凋。因此，办事情不要急于求成。如果做事时能把退缩当成前进，谦让当作获利，软弱当作刚强，那他就很少会失败。如果有人批评你，应该先反省自己的行为是不是真的有过失。如果有，证明人家说得对；若没有，也只是证明人家说得不对而已。人家说对了，自然应该虚心接受，人家说得不对，对你也没有什么坏处，你有什么值得抱怨的？』

王昶的言外之意就是，意气用事、恃才傲物的做法往往能给自己招致祸害。

作家老舍说：『一个真正认识自己的人，没法不谦虚，谦虚使人的心缩小，像个小石卵，虽小却极结实，结实才真实。』

虚心能使一个人保持冷静的头脑和敏锐的思维，最大程度了解困难和不利条件；虚心，能使一个人具有涵养，吸取别人的优点，最大程度地掌握『它山之石』；虚心能使人积累丰富的知识，保持不断进取的精神。

真正的伟人不与人争功，不觉得自己了不起。他们常常以极其谦逊的姿态面对人生、面对自我。他们能够在别人的赞扬声中寻找自身的不足，从而不断进步。很多成功的人，他们越有成就越谦和。

人有了一定地位，既是好事也是坏事。如果不懂得谦和待人，就无法赢得别人的尊重，结果只能是『高处不胜寒』。任何妄自尊大的人因瞧不起别人，自然也就不被他人所尊重。如果你稍有成就，就要学会谦逊，做事要低调，千万不要被一时的胜利冲昏头脑。

世界上没有十全十美的人，每个人都应该正确认识自己，认识自己的优势和劣势、长处和短处。懂得低调处世，谦逊和气，才能获得广阔的天地，成就事业，更重要的是，能赢得丰富的人生。

【原文】

一七七　遇欺诈之人，以诚心感动之；遇暴戾之人，以和气熏蒸之；遇倾邪私曲之人，以名义气节激励之：天下无不入我陶冶中矣。

【译文】

遇到狡猾奸诈的人，以赤诚之心来感动他；遇到狂暴乖戾的人，以温和的态度来熏陶他；遇到行为不正、自私自利的人，以道义、气节激励他。能做到这些，天下人都会受影响而被感化。

【原文】

一七八　一念慈祥，可以酝酿两间①和气；寸心洁白，可以昭垂百代清芬。

【注释】

①两间：人与人之间。

【译文】

用仁慈之心待人，就可以形成人与人之间彼此融洽和睦的气氛；保持心灵的纯洁正直，就可以名垂青史，流芳百世。

【原文】

一七九　阴谋怪习，异行奇能，俱是涉世的祸胎。只一个庸德庸行，便可以完混沌而招和平。

菜根谭

一八〇

【原文】

语云："登山耐侧路，踏雪耐危桥。"一"耐"字极有意味，如倾险之人情，坎坷之世道，若不得一耐字撑持过去，几何不堕入榛莽坑堑①哉？

【注释】

① 榛莽坑堑：榛莽，杂乱丛生的草木；坑堑，土坑和壕沟。

【译文】

俗话说："登山要耐得陡峻，踏雪要耐得桥梁的危险。"这里的"耐"字意味深长，试想在大千世界中，人情险恶，人生道路坎坷不平，如果不靠一个"耐"字，有几个人能保证不栽入荆棘丛生的深谷呢？

【品读】

在生活的道路上，每个人都会因为一些事情而烦恼、郁闷，如果我们从中吸取经验和教训，学会忍耐，增加一分"退"的勇气，就可能会把坏事变成好事。中国有句俗语说："大丈夫能屈能伸。"说的便是忍辱负重。

如果有大志向，就不要纠缠小事的过节。当忍的地方就忍耐。如果什么事情都不想忍耐，什么亏都不

【译文】

搞阴谋有怪习，行为与众不同，有奇特才能，都可能成为做人处事中的祸根。其实立身行事只要平平常常，保持事物的本来面貌，就可以为自己带来平和而安静的生活。

能吃,这样的人势必会在一些小的过节中浪费很多的精力,他的生活也会是非不断。只有适当地忍耐,才能养精蓄锐,给自己足够的时间和空间,去实现更大的梦想。当然,在没有足够的实力的时候,更加需要忍耐。

一次,滕文公面临强大的齐国将在邻国薛筑城时,心里非常恐慌,于是请教孟子应该怎么做。孟子回答说:『昔者大王居,狄人侵之,去之岐山之下居焉。非择而取之,不得已也。苟为善,后世子孙必有王者矣。君子创业垂统,为可继业。若夫成功,则天也。君如彼何哉!强为善而已矣。』孟子举出了周朝先祖太王的例子,即太王为避狄人的侵犯,体恤百姓,到岐山避难。意在劝谏滕文公面临强敌时,不要与人争强斗胜,而是自己勉励为善,巩固内部,然后自立图强。

孟子在这里提出了使国家保存下来的最实用的办法,也就是忍道。当国力不够强,无法与外敌抗衡时,为了生存下去就要忍。

事物总是在不断地运动和变化,机会可能存在于忍耐之中。大机会往往蕴藏在大忍耐之中,忍不是停止、不是逃避、不是无为,而是守弱、蓄积、迂回前进。当命运陷入无可掌控之时,就要心平气和地接纳,在此基础上累积实力,发奋图强,使自己脱离不利地位,适时出击,争取赢得新的成功机会。

山里有座寺庙,庙里有一尊铜铸的大佛和一口大钟。每天大钟都要承受几百次撞击,发出鸣声。而大佛每天坐在那里,接受千千万万人的顶礼膜拜。

一天夜里,大钟向大佛抗议说:『你我都是铜铸的,可是你高高在上,每天都有人对你顶礼膜拜、献花供果、烧香奉茶。每当有人拜你之时,我就要挨打,这太不公平了吧!』

菜根谭

【原文】

一八一　夸逞功业，炫耀文章，皆是靠外物做人。不知心体莹然，本来不失，即无寸功只字，亦自有堂堂正正做人处。

【译文】

夸大自己的功绩，炫耀美妙的文章，是靠身外之物沽名钓誉可怜巴巴地活着。岂不知只要心地纯洁，不丧失自己的本性，哪怕没有一寸功劳，没有写片言只字，也不失为一个堂堂正正的人，自然有值得称道的地方。

【品读】

中国古代哲人提出过人生有『三不朽』的著名论断：『太上有立德，其次有立功，其次有立言，虽久

大佛听后微微一笑，安慰大钟说：『大钟啊，你也不必羡慕我，你可知道当初我被工匠制造时，一次一次地捶打，一刀一刀地雕琢，历经刀山火海的痛楚，日夜忍耐如雨点落下的刀锤……千锤百炼才铸成眼耳鼻身。我的苦难，你不曾忍受，我走过难忍能忍的苦行，才坐在这里，接受鲜花供养和人类的礼拜。而你，别人只在你身上轻轻敲打一下，就忍受不了了？』大钟听后，若有所思。

在忍受艰苦的雕琢和捶打之后，大佛才成为大佛，大钟的那点捶打之苦又有什么不堪忍受的呢？功业失败需要忍耐，感情受挫需要忍耐，人生磨难需要忍耐……有时，一时的忍耐能让人们超越平庸，让人们的寻常人生闪烁光彩。

不废,此之谓三不朽。"意思大概是说,人生短暂,若想有所作为,传于后世,有三种途径:最有价值的是能够修养完美的道德品行,其次是建立伟大的功勋业绩,最后是确立独到的论说言辞。正如古人所言,功高、才高均不如德高。于普通人而言,立功与立言都不是那么容易的,但是立德可以从身边的点滴小事做起,只要人们有了敬畏之心,有了道德意识,就已经走在立德的路上了。崇高的气节是人们灵魂深处散发的馨香,与其靠一时的小聪明哗众取宠,不如以芬芳遗惠后人。

南宋著名诗人文天祥就以高尚的气节名享千秋。文天祥,字宋瑞,江西吉水县人。二十岁时举进士,为廷试第一。元兵大举进攻南宋,宦官董宗臣劝皇帝迁都逃跑,文天祥上书坚决反对,并请求皇帝安定民心,诏杀董宗臣。

宋军逼近宋都临安,宋帝下令全国征军护驾。文天祥在赣州招募豪杰志士,组织了一支数万人的『勤王军』,年抵达临安。常州危急,文天祥派出部将率兵救援,但未能解常州之围,元兵趁机向临安发动最后攻击,文天祥只得退往临安。

回临安后,文天祥与名将张世杰主张集中临安的全部『勤王军』和元兵决战。但当权宰相陈宜中一味对元兵屈膝投降,元兵得寸进尺,步步紧逼。

文天祥以右丞相兼枢密使的身份和元军谈判,但被元将伯颜扣押。文天祥在伯颜的威逼利诱下,毫不动容,被扣押北上。到江苏镇江时,文天祥趁机脱逃,历尽艰险乘船到达福州,刚即位不久的宋端宗任命他为右丞相兼知枢密院事。文天祥受命外出招募军队,并遣将收复数地,又得到江西兵来援,一时声势大振。

此后文天祥又率众反攻江西,给元军以沉重打击。但毕竟文天祥所组织的军队没有战斗经验,被元军击溃,文天祥侥幸脱身。

文天祥组织军民继续抵抗,后来因叛徒出卖被俘,在零丁洋,他写下了『人生自古谁无死,留取丹心照汗青』的千古诗句。宋亡后,文天祥被押解到大都,历尽折磨,始终坚贞不屈。在狱中,他写下了著名的《正气歌》,表达了视死如归的决心。元世祖忽必烈无比佩服他的气节,亲自劝降,文天祥依然守节不屈。

1282年,元世祖下令处死了文天祥。

文天祥的高风亮节,即使不着一字,也尽得世人赞颂,诗品、人品统一和谐,日月辉耀,相得益彰。

文天祥殉难后,人们以各种方式来纪念他。参加过义军的王炎午写了《望祭文丞相文》,赞扬文天祥像岁寒的松柏一样坚贞,他的死使『河顿即改色,日月为之韬光』。1323年,在文天祥家乡吉州的郡学里,他的遗像被挂在先贤堂,与欧阳修、杨邦、胡铨等并列,一起接受后人的祭祀。1376年,北京教忠坊建立了『文丞相祠』。后来,他的家乡吉州庐陵也建立了『丞相忠烈祠』。文天祥的文集、传记在民间流传很广。贤人已逝,其言犹在,『人生自古谁无死,留取丹心照汗青』不知激励了后世多少优秀儿女,在生死存亡之际,舍生忘死。所以,堂堂正正、不失本性才是为人之道。

【原文】

一八二　忙里要偷闲,须先向闲时讨个把柄;闹中要取静,须先从静处立个主宰。不然,未有不因境而迁、随时而靡者。

二七八

【译文】

忙碌时，也要设法抽出一点空闲时间，让身心获得舒展，把要做的事先统一规划，掌握要点。要想在喧嚣中取静，就必须在心情平静时事先规划。不然一旦遇到事情就会手忙脚乱，不知所措，做事盲目而行，往往把事情弄得一团糟。

【品读】

张弛有度地安排生活的节奏，事繁勿慌，事闲勿荒，一张一弛间便体现出一种掌握人生的艺术。有些人在繁忙的时候，手忙脚乱；清闲的时候，不知如何打发时间，虚度光阴。这是典型的缺乏掌控生活节奏的能力。

《菜根谭》告诉人们，真正的智者，在生活比较繁忙的时候，会忙里偷闲，有条不紊，从容应对，而不乱方寸；在生活比较清闲的时候，也不会消磨时间。

《礼记·杂记下》记载：学生子贡随孔子去看祭礼，孔子问子贡：『赐（子贡的名字）也乐乎？』子贡答道：『一国之人皆若狂，赐未知其乐也。』孔子说：『张而不弛，文武不能也；弛而不张，文武弗为也；一张一弛，文武之道也。』

圣人的教诲犹在耳边，纵观历史，很多伟人并不是夜以继日地工作的，适当的『张』与『弛』正是他们成功的秘诀。鲁迅惯于夜深人静时秉烛而书，但他下午是必须休息以保持体力的。马克思常在长时间写作之余，写几首小诗，或演算几道数学题来调节大脑，现代文学巨匠老舍喜欢在写作的余暇时间去养花……这给他们带来了充沛的精力。对于我们普通人而言，既要努力工作、学习，又要给自己留些闲暇时间，培

菜根谭

《菜根谭》不仅告诉我们张弛有度的生活之道，还告诉我们从容徐行的处事之法。

养自己的兴趣与爱好。这样，既能为工作与学习提供充足动力，又能提高自己的生活质量和品位。

从容是一种心态，徐行是一种境界。遇危不乱，才能转危为安，处变不惊，才能应对自如。人活一生往往前路难定，有时难免陷入困境，在惶急之间，能静下心来，沉着应对，方能扭转大局。凡遇大事需静气，平心静气是一种姿态，一种气度，一种修养。

冷静之时的决定往往是摆脱困境的最佳方案，同时冷静也是一种智慧，以静待变，乱中取胜！

谢安是东晋宰相，隐居东山时，时常与孙绰等人到海上游玩。有一次船远离海岸，大风骤起，波浪滔天，孙绰、王羲之等人大惊失色，建议赶快回去。谢安这时却神情激动，兴致甚高，吟诗吹箫，不为所动。船夫因为谢安神态安闲、心情舒畅，便继续向前摇船。一会儿，风势更急，浪涛更高，大家更加不安，纷纷骚动起来，再也坐不住了。谢安不慌不忙地说：『这样看来，是否可以回去？』大家立即响应，这才调转船头，向岸边驶去。谢安处乱不惊，乱中取静，经世经国的相才也在此体现出来，难怪他能外安邻邦，内抚朝野，建功立业。

谢安处乱不惊的气度着实令人叹服。心宁智生，智生事成，从容、冷静是成大事者必备的素质。性格沉稳的人无论在生活中遇到什么样的挫折都不会产生悲伤、抑郁、绝望，而是沉着地寻找解决问题的方法。

每个人的一生都不可能风平浪静地度过，很多人常常在汹涌的波涛中沉浮。遇事不惊慌，沉着冷静、从容徐行，只有这样，才能领略人生的真谛，活出自己的精彩。

【原文】

一八三　不昧己心，不尽人情，不竭物力，三者①可以为天地立心，为生民立命，为子孙造福。

【注释】

① 『三者』三句：宋张载《论语说》：『为天地立心，为生民立命，为往圣继绝学，为万世开太平。』

【译文】

不昧着自己的良心做事，不使别人陷入绝望，不过分浪费资源。做到这三条，就可以在天地乾坤间树立公正无私之心，为天下万民的生计尽心尽力，造福子孙后代。

【原文】

一八四　居官有二语，曰『唯公则生明，唯廉则生威。』居家有二语，曰『唯恕则情平，唯俭则用足。』

【译文】

做官有两句必须遵守的箴言：『只有公正才能清明，只有廉洁才有威严。』治家有两句必须遵守的箴言：『只有宽厚仁慈才能有平和的气氛，只有生活俭朴才能不缺日用。』

【品读】

公、廉、恕、俭，应该属于道德范畴，是摒弃一己之私的高风亮节，是一种清白磊落的处世姿态；是一种宽厚博大的胸襟气量，也是一种修身养德的立人之道。《菜根谭》正是洞见了这一点，所以它告诉人

菜根谭

们要珍惜这些美德。

对于领导者来说，公正、廉洁乃立身之本。公生明，廉生威，只有公正无私才能明断是非，只有清明、廉洁才能树立威信。古人云："有威则可畏，有信则乐从，凡欲服人者，必兼具威信。"若身有正气，即便清贫如洗，也能够不言自威，相反，如若贪恋小利而徇私枉法，即便是位高权重，在人们眼中也轻如蝼蚁。

有个叫张伯升的人，当过福建巡抚。他刚刚到任的时候，看到署衙陈设非常豪华，富丽堂皇，金银器皿一应俱全，锦绣帷幕，闪闪发光。他立即招来役吏询问原因。役吏向他解释说："这是按照惯例办事的，抚院到任，行户必须准备好，符合规格。"张伯升说："我从来没有享受过这么好的物件，不必讲究那么多，快撤下去，行户是就百姓，难道我上任这点小事，也要向百姓滥派赋税吗？"结果这些东西都物归原主了。他的家人想酌情留下几件东西，他严词制止了。

巡抚向来有家丁五十人，而所领的兵粮全归巡抚调派。张伯升说："我家都是庄农，弓箭刀枪我不懂，怎么能冒名欺骗朝廷呢？"便下令不用士兵，而着重在农户中召集。同时，他把兵粮全数退回兵部，并予备案。张伯升因自己的廉洁奉公，受到百姓的敬重，他的事迹被人们传为美谈。

渴不饮盗泉水，热不息恶木阴。张伯升的故事，恰恰印证了"公生明，廉生威"的道理。从他的身上我们可以看到，至"公"和至"廉"，不能靠几句冠冕堂皇的空洞口号，关键在于是否能够脚踏实地地躬行实践，在于是否能够在点滴小事上认真对待。至于治家立业，则是"恕则情平，俭则用足"，只有宽容才能心情平和，只有节俭家用才能充足。人与人相处，难免会磕磕碰碰，心胸宽广一些，气量宏大一些，就会免去很多不必要的麻烦。宽容别人便是给自己留下余地。对于齐家而言，仅仅有宽容还不够，如果能够克勤克俭,便可以锦上添花了。春秋战国时期的季文子就是这样一个克勤于邦、克俭于家的楷模。

季文子出身于鲁国的贵族世家,但是他能够克勤克俭,以节俭立身。他不仅自己生活俭朴,衣着朴素,马车简单,而且要求家人勤俭节约。

很多人都不理解他的这种行为,有人便劝他说:"您身为上卿,德高望重,但您在家里不准妻妾穿丝绸衣服,也不用粮食喂马。您自己也不注重容貌服饰,这样不是显得太寒酸,让别国的人笑话您吗?这样做也有损于我们国家的体面,人家会说鲁国的上卿过的是一种什么样的日子啊。您为什么不改变一下这种生活方式呢?这于己于国都有好处,何乐而不为呢?"

季文子听完却不以为然,答道:"我也希望把家里布置得豪华典雅,但是看看我们国家的百姓,还有许多人吃着粗糙得难以下咽的食物,穿着破旧不堪的衣服,还有人正在受冻挨饿。想到这些,我怎能忍心去为自己添置家产呢?如果平民百姓都粗茶敝衣,而我却装扮妻妾、精养粮马,这哪里还有为官的良心!况且,我听说一个国家的富强,只能通过臣民的高洁品行表现出来,并不是以他们拥有美艳的妻妾和良骥骏马来评定的。既如此,我又怎能接受你的建议呢?"听完这一番话,那人羞愧不已,内心对季文子也愈发敬重起来,于是,也仿效季文子勤俭节约。

静以修身,俭以养德。人们看到季文子外在的节俭,钦佩他内在的德行。从小处来说,节俭是一种将心比心的善良,是一种尊重他人的表现。古人云:"一饭一粥,当思来之不易;半丝半缕,恒念物力维艰。"我们的衣食住行很大程度上都来自于他人的劳动成果,人们对他人劳动成果的尊重也是对他人价值的肯定。从大处说,勤俭对于大事业的成就也是十分关键的,"历览前贤国与家,成由勤俭破由奢"说的正是这个道理。不管是从立德来讲，还是从立业着眼，勤俭无小事。

菜根谭

【原文】

一八五 处富贵之地，要知贫贱的痛痒；当少壮之时，须念衰老的辛酸。

【译文】

富贵之时，要懂得贫贱时的痛苦；少壮之时，要知道衰老时的辛酸。

【品读】

人生之最难能可贵的不是贫而无谄，也不是富而无骄，而是能够富贵知贫、少壮念老、得宠思辱、居安思危，防患于未然。人们往往在困境之中会充满对未来的憧憬与希望，但是在顺境之中通常看不见隐藏的危险。好的时候不要满眼皆是好，坏的时候也不要满眼皆是坏，关键是要有远见。生活在富贵的环境中，要知道贫穷困苦人家的艰难；年轻力壮时，要顾及年老力衰后的悲哀；得势的时候要预见到失势之时的场景，处境安全无忧的时候要考虑到可能带来危险的因素。

『陶朱公』范蠡正是这样一个『忠以为国；智以保身；商以致富，成名天下』的智者。他能够在功成名就之时毅然隐退，在家财万贯的时候散尽千金，只因为他不执着于眼前的利害而放眼于将来的顺逆。

范蠡侍奉越王勾践，与勾践运筹谋划二十多年，终于灭了吴国，洗雪了会稽的耻辱。后来，勾践称霸，范蠡做了上将军，备受尊崇，但是范蠡能够适可而止、急流勇退。他明白『飞鸟尽，良弓藏；狡兔死，走狗烹』的道理，也深知勾践为人，可与共患难，难与共安乐。于是，便毅然抛弃了到手的荣华，而与西施一起泛舟齐国。

在齐国，由于他仗义疏财、贤名远播，受到齐王赏识，官拜相国。此时的范蠡，可以说是集富贵、权势、声名等于一身，但是这些并没有让他放松警惕。他喟然感叹：『居官至于卿相，治家能至千金；对于一个白手起家的布衣来讲，已经到了极点。久受尊名，恐怕不是吉祥的征兆。』于是，才三年，他再次抽身离开，向齐王归还了相印，散尽家财给知交和老乡。

一身布衣，范蠡来到定陶，那里四通八达，地理位置优越，是良好的经商之地。范蠡带领家人们耕作和牧畜，他们战胜了各种自然灾害，获得了庄稼的丰收和六畜的兴旺。随后，他又不失时机地转而从事商业买卖，积累资金，看准时机大胆地买进卖出，虽然一次只谋取十分之一的利润，但他的买卖做得十分红火。没过多久，他就凭此积累了数百万的财富，人称陶朱公。

相反，越王勾践的谋臣文仲，曾和范蠡一起为勾践出谋划策，也为打败吴王夫差立下赫赫功劳。但是在灭吴后，文仲自觉功高，不听从范蠡的劝告，继续留下为勾践效力，却终为勾践所不容，受赐剑自刎而死。

而范蠡却能明哲保身，居安思危，急流勇退，高龄几近百岁。

同为国家立下赫赫功劳，范蠡和文仲之后的命运却截然不同，其中的关键在于，范蠡比较有远见，在顺境之中能够预见逆境的到来，而且能够未雨绸缪，及早做出行动，改变即将到来的不利处境。而文仲安于顺境，不懂得得宠念辱的道理，结果受辱身死，令人感叹。

每个人都应当有危机意识，身处顺境的时候，要警惕可能存在的不利因素，居安思危，防患于未然，只有这样才能掌握事情发展的先机，避免可能发生的不好事情。

当然，范蠡急流勇退之时，放弃了很多东西，功名利禄这些常人难以拒绝的诱惑，都没有阻挡他离开的脚步，这是十分需要勇气和魄力的。人们在日常生活之中，不要被眼前的利益所束缚，蜗角虚名、蝇头小利，当放弃则放弃，居安思危、放眼长远才是明智之举。

【原文】

一八六 持身不可太皎洁，一切污辱垢秽要茹纳①得；与人不可太分明，一切善恶贤愚要包容得。

【注释】

①茹纳：容纳。

【译文】

做人要有胸怀；与人相处要有度量。

【原文】

一八七 休与小人仇雠①，小人自有对头；休向君子谄媚，君子原无私惠。

【注释】

①仇雠：结怨成仇。

【译文】

不要与小人结仇，因为小人自有小人的对头；不要对正人君子献殷勤，因为君子是不会为私情而予人恩惠的。

【原文】

一八八 纵欲之病可医，而势理之病难医；事物之障可除，而义理之障难除。

【译文】

纵欲过度引起的病症很好医治，但思想上固执的毛病很难治愈；实实在在的障碍可以排除，但心理上的障碍难以排除。

【原文】

一八九 磨砺当如百炼之金，急就者非邃养①；施为宜似千钧之弩，轻发者无宏功。

【注释】

① 邃养：精深修养。

【译文】

人品德的培养，应该像炼钢一样需要反复锤炼，不能急于求成；做事好比拉千钧之弓，草草发射必然无法取得巨大的成功。

【品读】

成人难，成才更难，一个人的成功不是一两天所能达到的，诚如荀子在《劝学》中所言：『不积跬步，

菜根谭

无以至千里；不积小流，无以成江海。"这里其实强调的是积累对于成功的重要作用。冰冻三尺非一日之寒，研究学问需要积累，成就事业也需要积累，需要坚持不懈地奋斗。积累来源于百炼成金的毅力，任何浮躁的心态和行为都是积累的大敌。不经一番寒彻骨，怎得梅花扑鼻香。积累与坚持是人们通往成功之路的必备素质，只有经得起长久的积累与不懈的坚持的人，才有可能建立宏大的功业。

王献之是王羲之第七子，以行书和草书闻名于世，与父亲并称"二王"。献之小时候随父亲学书法，很有天分，但有些沾沾自喜。母亲郗氏对他说，要写完院子里的十八缸水，他的字才会有筋有骨、有血有肉，才会站得直立得稳。献之心中不服，努力练习了五年之后，把写好的字拿给父亲看。谁知，王羲之看到后不停地摇头，看到一个"大"字时，才微微一笑，随手在"大"字下面添了一个点。献之又将自己的书法拿给母亲看，并说："我又练习了五年，并且完全是按照父亲的字练习的，您仔细看看，我和父亲的字还有什么不同呢？"郗氏认真地看了三天，最后指着王羲之在"大"字下面加的那个点儿，叹了口气说："吾儿磨尽三缸水，唯有一点似羲之。"献之听后，感叹不已，从此更加发奋练字，终于，在练尽十八缸水后，书法突飞猛进，达到了炉火纯青、力透纸背的境界。

可见，天才、大师并非是天生就有的，后天的积累和坚持是十分重要的。王献之以书法扬名，人们看到的是他人前的光芒四射，却往往忽略了他背后的付出与坚持。不仅王献之是如此，他的父亲王羲之在书法上的勤奋也是十分出名的，他练字的墨汁居然能染透一池清水。"成功的花，人们只惊慕它现时的明艳！然而当初她的芽儿，浸透了奋斗的泪泉，洒遍了牺牲的血雨。"冰心的这句话是十分耐人深思的。坚持不懈地积累不仅对于练习书法者很重要，对于做学问的人来说也是十分重要的。清代著名学者阎若璩正是一阎若璩早年就专心于研究经史，学有所长。康熙年间以廪膳生的身份考上了博学鸿词科。他写的学术著作极多，著名的有《眷西堂诸集》。他也是清朝经学大师，对诗文深有研究，并且过目不忘。

但谁能想到他早年竟是天质奇钝，书得读百遍才略上口。又因为他体弱多病，其母甚至禁止他读书。好学的他于是拿书自己暗暗地默记，不读出声。他就这样坚持了十多年。一日，他忽然觉得自己的头脑豁然清醒，再研究以前一些不太明白的问题，则毫无困难。这正是他多年苦思苦学之结果。

从阎若璩的故事可以看到，成功并不是专属于天资聪颖者的。即便有些人可能天生迟钝一些，但勤能补拙，只要他能够沉下心来，踏踏实实地积累，锲而不舍地坚持，最终是会有回报的。相反，如果好高骛远，做事轻浮，总是追求不切实际的目标，是注定要以失败告终的。世事无捷径，立志高远是好事，但轻发则无功。成功只能由一点点的坚持、一步步的积累才能够获取。世间最容易的事是坚持，最难的事也是坚持，说它容易，是因为只要愿意做，人人都能做到；说它难，是因为真正能够做到的，终究只是少数人。

【原文】

一九〇　宁为小人所忌毁，毋为小人所媚悦；宁为君子所责备，毋为君子所包容。

【译文】

做人宁可被小人猜忌和毁谤，也不要被小人的诌媚所迷惑；宁可受到君子的严厉责备，也不要被君子的宽宏大量所包容。

菜根谭

【品读】

人们一般都喜欢听对自己的夸奖,而不喜欢听到对自己的责备。不过,前辈先贤却宁可接纳君子的责备,也不轻信小人的谄媚。君子的责备,往往是真诚地给人指出错误,劝导人们向善,完善人们的品行。而小人的赞美,往往是出于某种机心取悦于人,是为了尽惑人心,以达到自己的某种不可告人的目的。所以,君子的责备,即便严苛,人们也应该恭听;小人的赞美,即便悦心,也不可轻易入耳。只要自己胸怀坦荡,仰不愧于天,俯不怍于地,小人的记恨也就没什么值得挂心的了。

明朝有个叫徐均的人,担任过阳春(今属广东)主簿。阳春地处偏僻,山高皇帝远,当地的土豪劣绅盘踞那里,肆无忌惮地干尽坏事。以往阳春的长官一到任,土豪就送给他很多财物行贿巴结,从而互相勾结。

徐均到任后,邑吏告诉他按惯例应当去拜访莫大老。因为莫大老在当地很有势力。徐均说:『这人不也是朝廷的属民吗?不服管就用王法来制裁他。』于是拿出朝廷赐的两把剑给人看。莫大老害怕了,赶紧到官府拜见请罪。徐均查清他的各种违法行为,把他逮捕入狱。第二天一早,莫大老家的人想送给他两个瓜和几个石榴,实际上里面全是黄金珠宝。

徐均连看都不看,就命人把送东西的人抓起来关到府里。阳春在徐均的治理下,社会安定,百姓安居乐业。

后来,徐均又被调往阳江,阳江在他的治理下,同样非常安定。徐均执法公正廉明,根本不在乎被小人忌恨,也不在乎受权势打击。

徐均为人耿直,为官清廉,并且能够不为利益所惑,始终保持自己的操守,着实难能可贵。此外,他还有察人之明,看得穿小人的不轨之心,自然不理会他们的尽惑,也不在乎他们的记恨,自得一种常人难及的洒脱境界。但是，拒绝诱惑是需要勇气和智慧的，并不是所有的人都有徐均这种察人之明。有些人往往禁受不住别人的奉承，也听不进耿介之人的劝诫，不仅知错不改，而且屡教不改，最终身败名裂，为天下笑。春秋时期的晋灵公就是这样一个例子。

晋灵公生性残暴，时常借故杀人。一天，厨师送上来的熊掌炖得不烂，他就当场残忍地把厨师处死。正好，尸体被赵盾、士季两位正直的大臣看见。他们了解情况后，非常气愤，决定进宫去劝谏晋灵公。但是，晋灵公并非真正认识自己的过错，行为残暴依然故我。相国赵盾屡次劝谏，令他十分厌烦，竟然派刺客去暗杀赵盾。晋灵公听不进君子的善意劝导，却被佞臣屠岸贾的谄媚所蛊惑。

晋灵公好玩狗，在曲沃专门修筑了狗圈，给它穿上绣花衣。屠岸贾因为看晋灵公喜欢狗，就用夸赞狗来博取灵公的欢心。一天夜晚，狐狸进了宫，惊动了襄夫人，襄夫人非常生气，灵公让狗去同狐狸搏斗，狗没获胜。屠岸贾命令虞人（看山林的）把捕获的另外一只狐狸拿来献给灵公说：『狗确实捕获到了狐狸。』晋灵公高兴极了，把给大夫们吃的肉食拿来喂狗，下令对国人说：『如有谁触犯了我的狗，就砍掉他的脚。』于是国人都害怕狗。狗进入市集夺取羊、猪而吃，吃饱了就拖着回来，送到屠岸贾的家里，屠岸贾由此获利。大夫说某件事，若不顺着屠岸贾说，狗就群起而攻之。

亲小人远贤臣的晋灵公最终被人所杀，而且晋国后来也被韩、赵、魏三家所瓜分。

古人云：人非圣贤，孰能无过，过而能改，善莫大焉。圣人况且见贤思齐，见不贤而内自省，我们普通人就更应该如此了。很多人的悲哀之处在于犯了错而不自知。晋灵公当然远比这些人幸运，因为毕竟有那么多耿介的君子不顾自身安危、利害屡次给他指出错误。晋灵公虽能知错，却屡教不改，一犯再犯，越陷越深。错误有大小、轻重之分。小错能改，善莫大焉，前车之覆，后车之鉴，而大错就是用一生去追悔也无法挽回，尤其不要侥幸试图用一个错误来掩盖另一个错误，否则只能是作茧自缚。

一九一

【原文】

好利者，逸出于道义之外，其害显而浅；好名者，窜入于道义之中，其害隐而深。

【译文】

见利忘义的人，做事情已偏离正义走入歧途，做的坏事很容易被看出来，且危害相对小；一个贪名的人，往往道貌岸然，将自己的所作所为与道义掺杂在一起，让人难以辨识，这样的人所造成的危害隐蔽而深远。

【品读】

人有名利之心，可以理解，但不能为名利所惑而迷失自己。贪求利益的人，所作所为逾越道义之外，所造成的伤害虽然不明显但很深远。好利相对害浅，好名相对害深，名为缰，利为锁，都会束缚人的正常发展，所造成的伤害虽然明显但不深远；而贪图名誉的人，所作所为隐藏在道义之中，所造成的伤害虽然明显但不深远。人若没有长远眼光，贪图眼前小利，则会因小失大。人若不能淡泊名利，沽名钓誉，则会贻害终生。

君子爱财当取之有道，君子好名也当实至名归。

从前，鲁国的宰相公仪休非常喜欢鱼，赏鱼、食鱼、钓鱼、爱鱼成癖。

一天，府外有一人要求见宰相。从打扮上看，像是一个渔人，手中拎着一个瓦罐，急步来到公仪休面前，伏身拜见。公仪休抬手命他免礼，看了看，不认识，便问他是谁。

那人赶忙回答：『小人子男，家处城外河边，以打鱼为业糊口度日。』

公仪又问：『那你找我所为何事，莫非有人欺你抢了你的鱼了？』

子男赶紧说：『不不不，大人，小人并不曾受人欺侮，只因小人昨夜出去打鱼，见河水上金光一闪，小人以为定是碰到了金鱼，便撒网下去，却捕到一条黑色的小鱼，这鱼说也奇怪，身体黑如墨染，连鱼鳞也是黑色，几乎难以辨出。而且黑得透亮，仿佛一块黑纱罩住了灯笼，黑得泛光。鱼眼也大得出奇，直出眶外。小人素闻大人喜爱赏鱼，便冒昧前来，将鱼献于大人，还望大人笑纳。』

公仪休听完，心中好奇，公仪休的夫人也觉纳闷。那子男将手中拎的瓦罐打开，果然见里面有一条小黑鱼，在罐中来回游动，碰得罐壁乒乓作响。公仪休看着这鱼，忍不住用手轻轻敲击罐底，那鱼便更加欢快地游跳起来。

公仪休笑起来，口中连连说：『有意思，有意思。的确很有趣。』

公仪休的夫人也觉别有情趣，那子男见状将瓦罐向前一递，道：『大人既然喜欢，就请大人笑纳吧，小人告辞。』公仪休却急声说：『慢着，这鱼你拿回去，本大人虽说喜欢，但这是你辛苦得来之物，我岂能平白无故地收下。你拿回去。』

子男一愣，赶紧跪下道：『莫非是大人怪罪小人，嫌小人言过其实，这鱼不好吗？』

公仪休笑了，让子男起身，说：『哈哈哈，你不必害怕，这鱼也确如你所说奇人亦喜人，我并无怪罪之意，只是这鱼我不能收。』

子男惶惑不解，拎着鱼，愣在那里，公仪休夫人在旁边插了一句话：『既是大人喜欢，倒不如我们买下，

菜根谭

"大人以为如何?"

公仪休说好,当即命人取出钱来,付给子男,将鱼买下。子男不肯收钱,公仪休故意将脸一绷,子男只得谢恩离去。

又有好多人给公仪休送鱼,都被公仪休婉言拒绝了。

公仪休身边的人很是纳闷,忍不住问:"大人素来喜爱鱼,连做梦都为鱼担心,可为何别人送鱼大人却一概不收呢?"

公仪休一笑,道:"正因为喜欢鱼,所以更不能接受别人的馈赠,我现在身居宰相之位,拿了人家的东西又要受人牵制,万一因此触犯刑律,必将难逃丢官之厄运,甚至还会有性命之忧。我喜欢鱼现在还有钱去买,若因此失去官位,纵是爱鱼如命怕也不会有人送鱼,也更不会有钱去买。所以,虽然我拒绝了,却没有免官丢命之虞,又可以自由购买我喜欢的鱼。这不比那样更好吗?"

众人不禁暗暗敬佩。

公仪休身为鲁国宰相,喜欢鱼,却能保持清醒,头脑冷静,不肯轻易接受别人的馈赠,这实在很难得。有些事,表面看来能获得暂时的利益,但从长远来看,却"因小失大",做事灵活的人绝不会被眼前的利益所迷惑。

君子取义成仁,历来为人所推崇,至于名分利益,根本不在他们的考虑范围之内。贪图名利,尤其是与自己才能不符的名利,往往会弄巧成拙,使自己蒙羞受辱。淡泊自守是一种福分,看不透名利,只能是害人害事。

魏晋时期,政治斗争极其残酷,当时的读书人动辄有人头落地的危险,所以不少知识分子崇尚玄学,不敢过问政治。人人整天只知道追名逐利，不肯务实，不少有名望的士子实在徒得虚名。当时还盛行品评的时俗，就是根据一些人平时的一些特殊言行，由当时的一些名士给予评价，再根据评价的不同列出人物的等次，以此决定人的价值大小。一些人为了获得好的品评，不惜沽名钓誉，做出许多伪善可笑的勾当。务实是中国人的优良传统。这里所说的『实』，用哲学上的话说就是自身的本质。有作为的人，大多轻名务实。魏晋清谈之风的盛行却是一种很不务实的表现，于己无利，于人也无利。

名利虽然为人所需，但若时时、事事都想着它，难免患得患失，失去生活的乐趣，也会迷失生活的方向。所以，人们应当时时注意，用高尚品德稳稳地驾驭自己的名利之心。把个人之名利看作身外之物，既不为得到名利而沾沾自喜，也不因失去名利而痛苦不堪。

【原文】

一九二　受人之恩，虽深不报，怨则浅亦报之；闻人之恶，虽隐不疑，善则显亦疑之。此刻之极，薄之尤也，宜切戒之。

【译文】

受到别人的恩惠，虽然很多，却不想着报答；受到别人的一点埋怨，虽然微不足道，却想方设法要报复。听到别人的坏事虽不清楚原委，却深信不疑；听到别人有善行，尽管非常清楚，却疑而不信。这种极端的刻薄，应加以戒绝。

菜根谭

一九三

【原文】

谗夫毁士，如寸云蔽日，不久自明；媚子阿人，似隙风侵肌，不觉其损。

【译文】

爱恶言毁谤或诬陷他人的小人，就像一小块浮云遮住了太阳，不久自然就会真相大白；喜欢甜言蜜语或阿谀他人的小人，就像缝隙中吹来的风侵袭肌肤，让人在不知不觉中受到损害。

一九四

【原文】

山之高峻处无木，而溪谷回环则草木丛生；水之湍急处无鱼，而渊潭停蓄则鱼鳖聚集。此高绝之行，褊急之衷，君子重有戒焉。

【译文】

高峻的山顶上往往不长草木，而山谷环绕的地方才有花木生长；湍急的水流中往往没有鱼类栖息，而在那些宁静的潭渊才有鱼鳖繁殖。这说明，过分清高，过分偏激，如高山峻岭和湍急河流一样，都不是容纳生命的地方。君子对此必须有所警惕。

一九五

【原文】

建功立业者，多虚圆之士；偾事①失机者，必执拗之人。

[注释]

① 偾事：败事。

[译文]

能够成就一番事业的，大多是谦虚圆通的人；凡是把事情搞得一团糟、坐失良机的，必定是那些固执己见、不知变通的人。

[原文]

一九六　处世不宜与俗同，亦不宜与俗异；做事不宜令人厌，亦不宜令人喜。

[译文]

人生在世不必事事都按照世俗习惯去做，也不要处处表现得与众不同；处理问题不能让世人感到讨厌，但也不能为讨别人的欢心而迎合众人。

[原文]

一九七　日既暮而犹烟霞绚烂，岁将晚而更橙橘芳馨，故末路晚年，君子更宜精神百倍。

[译文]

夕阳西下，天空彩霞绚烂迷人；深秋季节，漫山遍野的柑橘散发着醉人的芳香。所以，尽管到了风烛残年的时候，君子还是应该振作精神、奋发向上。

菜根谭

【原文】

一九八 鹰立如睡，虎行似病，正是它攫人噬人手段处。故君子要聪明不露，才华不逞，才有肩鸿任巨的力量。

【译文】

雄鹰站在那里好像在打盹，猛虎走路时好像有病，这正是它们准备捕食采取的手段。一个有才有德的君子，要善于掩藏自己的智慧，不显露过人的本领，如此才能肩负起重任，实现远大的志向。

【原文】

一九九 俭，美德也，过则为悭吝，为鄙啬，反伤雅道；让，懿行也，过则为足恭①，为曲谨，多出机心。

【注释】

①足恭：过分谦恭。

【译文】

节俭朴素，本是一种美德，但过分节俭就变为吝啬，成为被人瞧不起的可怜虫，这样反而会伤害到朋友之间的往来。谦逊礼让，本是一种美行，可是过分礼让，就会变得卑躬屈膝、谨小慎微，给人一种好用心机的感觉。

菜根谭

【品读】

节俭朴素本来是一种美德，然而过分节俭就是小气，就会变成为富不仁的守财奴，如此反而会伤害到一些正常的往来。谦让本来也是一种美德，可是如果太过分，就会变成卑躬屈膝处处讨好人，这样会给人一种好用心机的感觉。

为人要有品行节操才能立足，如果节俭到吝，谦让至伪，那么节俭的目的何在，谦让的初衷为何？节俭为美德，太过则有伤大雅。礼让是美行，太过则有失常态。所以，处世『过』与『不及』都不可取，只要恰到好处即可。《儒林外史》中的严监生用他的过于节俭成就了他的吝啬鬼之名。

严监生病重之时，诸亲六眷都来问候。晚间挤了一屋子的人，桌上点着一盏灯。严监生喉咙里痰响得一进一出，一声接一声的，总不得断气，还把手从被单里拿出来，伸着两个指头。大侄子上前问道：『二叔，你莫不是还有两个亲人不曾见面？』他把头摇了摇。二侄子走上前来问道：『二叔，莫不是还有两笔银子在哪里，不曾吩咐明白？』他把两眼睁得滴溜圆，把头又狠狠地摇了几摇，越发指得紧了。奶妈抱着哥子插口道：『老爷想是因两位舅爷不在跟前，故此挂念。』他听了这话，两眼闭着摇头。那手只是指着不动。赵氏慌忙揩揩眼泪，走近上前道：『爷，别人都说得不相干，只有我晓得你的意思！你是为那灯盏里点的是两茎灯草，不放心，恐费了油。』直到赵氏挑掉一根灯草，他方才点点头，咽了气。

严监生家里有十多万两银子，丫鬟无数，良田万亩，此外，在县城里还有铺面二十多间，经营典当，每天收入最少也有几百两银子。可笑的是，这样一个家财万贯之人，却因为两根灯草而『死不瞑目』，节俭到这种程度，人们也只能用『吝啬鬼』来『赞扬』他了。

一九九

菜根谭

正如人们以节俭为美德一样，从古至今，历代圣贤莫不主张谦虚，而将骄傲视为毒蛇猛兽，避之不及。

实际上，谦虚过了头，就会成为一种懦弱。人背负着尊严行走在世间高低不同、起伏不定的道路上，会遇到不同的人，他们各有各的长处，各有各的特点，值得我们去学习、去借鉴。要想学得别人的长处，我们需要谦虚，因为谦虚是与人相处的法宝，没有人会对一个骄傲自大的人说出自己的经验或宝贵的人生收获。

一位闻名遐迩的画家每逢有青年画家登门求教，总是很耐心地给人看画指点；对于有潜力的青年才俊，更是尽心尽力，不惜耗费自己作画的时间。一次，一位后辈画家对于前辈的关爱有加感激涕零，老画家微笑着讲了一个故事：

四十年前，一个青年拿了自己的画作到京都，想请一位自己敬仰的前辈画家指点一下。那位画家看这个青年是个无名小卒，连画轴都没让青年打开，便推托事务缠身，下了逐客令。青年走到门口，转过身说了一句话：『大师，您现在站在山顶，往下俯视我辈无名小卒，的确十分渺小；但您也应该知道，我从山下往上看您，您同样也十分渺小！』说完转身扬长而去。青年后来发愤学艺，终于在艺术界有所成就。这位青年就是年轻时的老画家。他时刻记得那一次冷遇，也时刻提醒自己，一个人是否形象高大，并不在于他所处的位置，而在于他的人格、胸襟和修养。

故事中的年轻画家是谦虚的，但谦虚并不代表要放弃自己的尊严，面对前辈的轻视、侮辱，他没有唯唯诺诺地一味谦虚，而是高傲地回拒了，并用一生的时间为自己的高傲积蓄资本，最终成为一位有名的画家。

谦虚是一种发自内心的美德，是人们都应该努力去拥有的，但是凡事都应该适可而止，如果谦虚需要人不可有傲气，但不可无傲骨。即使自己有不如人之处，也要练就一身傲骨，并不断努力，为自己的成功积累资本。

三〇〇

【原文】

二〇〇 毋忧拂意，毋喜快心，毋恃久安，毋惮初难。

【译文】

不要因为事不如意而烦恼，不要因为事事称心而兴奋，不要因为长治久安便高枕无忧。不要因为事情起初艰难而心生畏惧。

【原文】

二〇一 饮宴之乐多，不是个好人家；声华之习胜，不是个好士子；名位之念重，不是个好臣工。

【译文】

经常大排宴席、饮酒作乐的居所，一定不是一个好去处；热衷于歌舞美色的人，一定不是一个品行端正的君子；沽名钓誉、看重权位的人，不可能做一个忠君报国的臣子。

【品读】

耽于声色宴饮，溺于虚名细利，只能给人带来灾祸；淡泊名利，静心自持，才是君子的作为。人为了追求名利，不择手段，最终只能为名利所困；视名利如浮云之人，却往往在淡泊自守中功成名就。没有谁的一生能够青云直上，走一条顺风顺水的宽阔大道，总有遇到独木桥的时候。特别是那些欲成大事者，更是面临着人生的起起落落，风风雨雨。真正能从容地走过这些风雨的人，必然是在人生的赛场上坚持到最后的人，而他们那淡泊名利、坚守道德的品行和作为，总能给后人许多启示。

菜 根 谭

明朝名臣于谦在没有调入京城前，一直担任地方官。他为官清廉，对下属的各级官员要求都十分严格，坚决禁止他们收受贿赂、贪赃枉法，他自己更以身作则。

正统年间，宦官王振专权，他作威作福，以权谋私，肆无忌惮地招权纳贿。每逢朝会，各地官僚为了讨好他，多献以珠宝白银。而于谦每次进京奏事，总是不带任何礼品。他的同僚劝他说：『你虽然不献金宝、攀求权贵，也应该带一些著名的土特产如线香、蘑菇、手帕等物，送点人情呀！否则，人家会对你有看法，还会找你的麻烦。』于谦潇洒一笑，甩了甩他的两只袖子，风趣地说：『只有清风！我当官是为国为民，不是为了某一个人。只要认真做事，又何须担心他人。』

为此他曾作一首《入京诗》以明志：『绢帕蘑菇与线香，本资民用反为殃。清风两袖朝天去，免得闾阎话短长。』绢帕、蘑菇、线香都是他任职之地的特产。于谦在诗中说，这类东西本是供人民享用的，只因官吏征调搜刮，反而成了百姓的祸殃了。他在诗中表明了自己的态度：我进京什么也不带，只有两袖清风朝见天子。

于谦的『两袖清风朝天去，免得闾阎话短长』是一种潇洒，同时也是一种不向名利低头的气节。与那些攀结富贵的比较来看，于谦在如染缸的官场，不为声华名利、洁身自好，难能可贵。

《菜根谭》说：『饮宴之乐多，不是个好人家；声华之习胜，不是个好士子；名位之念重，不是个好臣工。』真正的君子，权贵不能使他意志动摇，浮华不能使他淫乱，宴饮娱乐更不能让他沉溺，即便是死和生这样的人生大事，也丝毫不能动摇他们坚守道义的心和操守。在孔子看来，这样的人，精神穿越大山无阻碍，潜入深渊也不会被水沾湿，处于卑微地位不会感到狼狈不堪。声华名利不过是过眼烟云，过于执着，只能让人迷失自我,最终为其所役。淡泊自守,潇洒从容地对待,反而会有意外的惊喜与收获。

在现代,为官也好,普通百姓也罢,即便不为青史留名,也要让自己问心无愧。当法制还没有达到完美的境地时,我们应以崇尚美的心态去严格要求自己,做到『慎独』,将淡泊和自持看作是一种境界、一种修养、一种对自我的约束。『由俭入奢易,由奢入俭难。』

当我们的一只脚亲近了宴饮、浮华、名利中的任何一个,我们就有可能踏入『浑流』之中,如果不及早抽身就有可能走入绝境。所以,时刻警惕,让自己如刚出生的婴儿一般,清清白白、无所负累地活在这个世界上。

【原文】

二〇二 世人以心肯处为乐,却被乐心引在苦处;达士以心拂处为乐,终为苦心换得乐来。

【译文】

普通之人,常常把心满意足当作快乐,然而常常被这种快乐引诱到痛苦的深渊;旷达之人,把与困难和挫折搏斗当作乐趣,最终用艰苦的奋斗换来真正的快乐。

【原文】

二〇三 居盈满者,如水之将溢未溢,切忌再加一滴;处危急者,如木之将折未折,切忌再加一搦。

菜根谭

二〇四 冷眼观人，冷耳听语，冷情当感，冷心思理。

【原文】

冷眼观人，冷耳听语，冷情当感，冷心思理。

【译文】

以冷静的眼光观察人，以冷静的耳朵倾听别人的话语，以冷静的态度对待外界给予自己的各种感受，以冷静的头脑思考各种道理。

【品读】

百年人生难得一个『冷』字。冷眼观人，才能知人知面，看得清他人；冷耳听闻，才能字句入心，辨得出弦外之音；冷情感事，才能守住理智，做出正确的判断；冷心思理，才能灵台澄澈，不为外物所惑。

一个成熟的人待人是冷静的，处世是理智的，这样遇事才不会因感情冲动而不知所措，做事才会有条不紊、有序而行。冷静是人们立身处事的基本素质，如果缺乏冷静，人们很容易被外界的名利所惑，从而迷失方向，迷失自我。战国时期著名的哲学家庄子，就是这样一个淡泊守心、冷静处世之人，因而他的思想能够真正达到逍遥而游的境界。

宋王遣曹商使秦，宋王赐车数辆；曹商至秦游说，甚得秦王欢心，又获秦王所赠车马百乘。曹商返宋，

【译文】

当一个人的成就达到顶峰的时候，就像水满到将溢未溢的程度，这时千万不能再加一滴，否则就会立刻流出；当一个人处在十分危险的境地的时候，正如树枝将折未折之时，千万不能再用力，否则就会立刻折断。

后见到庄子便得意地夸耀:"从前我身居空街陋巷,困窘做鞋,面黄肌瘦,埋没了我的才能;舌打动大国君主,获车百乘,我的本领才得以充分施展。"庄子听罢,讥讽道:"我听说秦王有病召医,其定价为诊治疮痈得车一乘,而舌舐痔疮得车五乘;所治病愈卑下,你使秦得车之多,大概比舐痔更加卑贱。"曹商扫兴而归。

惠施任梁相,庄子前往拜访。惠施听人说庄子赴梁欲代其为相,因此十分恐慌,一连三日三夜教人大肆搜寻庄子。庄子见状,主动登门对惠施说:"南方有鸟(凤类之鸟),它自南海飞往北海,沿途非竹实不食,非甘泉不饮。鸱鸟(猫头鹰)刚刚拾到只腐鼠,见飞越头顶,便抬头怒目相视,大声恐吓。现在你也因你的梁国相位而恐吓我吗?"

庄子冷眼看世态炎凉、盛衰荣辱,于是他更趋于清静无为,向道之心更为强烈,思想也更加脱俗,但是,一些热衷于功利之辈以小人之心度君子之腹,实在可笑。人活于世,难免执着于名利二字。但是,名缰利锁,虚费光阴。如果过分追逐不属于自己的功名利禄,往往会使自己陷入难以自拔的窘境。这时,人们就需要静下心来,冷心思考,只有这样才能不被名缰利锁所束缚,才能远离现实生活中的各种陷阱。

我们身处的时代常有结着欲望的梅子,比如望着昂贵的名牌,有人想穿在身上;望着高高在上的权势,有人想握在手中;;望着别人拥有的财富,有人想拥有更多……但是人们不知道那些都是酸的。而历过世事的人,会告诉我们要冷静分析,才能看没有经验的年轻人,这种渴望往往是深陷其中的前兆。到隐藏在欲望背后的危险。

从古到今,有几人能够摆脱名利的束缚?让人们完全没有欲望,是不合常理的。以冷静为参考,凡事都要静下心来仔细掂量之后,再做决断。只有这样,才不会做出让我们抱憾终生的事来。

【原文】

二〇五　仁人心地宽舒,便福厚而庆长,事事成个宽舒气象;鄙夫念头迫促,便禄薄而泽短,事事得个迫促规模。

【译文】

宽厚仁慈的人,胸怀宽阔舒畅,因而吉星高照,福至心灵,做任何事都显得宽宏畅达;浅薄的人心胸狭隘,因而总是时运不佳,福泽既薄又短,做任何事都困难重重,处境艰难。

【原文】

二〇六　闻恶不可就恶,恐为谗夫泄怒;闻善不可急亲,恐引奸人进身。

【译文】

听到别人有恶行,不要立刻表现出憎恶的情绪,以防传话人有诬陷泄愤的意图;听说某人做了好事,不要匆忙对他表示信赖和亲近,以免被奸人作为谋官求职的手段。

【原文】

二〇七　性躁心粗者一事无成,心和气平者百福自集。

菜根谭

【译文】

性情急躁、粗心大意的人,很难成就一番事业;性情温和、遇事从容不迫的人,各种福分都会自然到来。

【品读】

俗话说,心急吃不了热豆腐,性情急躁的人往往因为不能思虑周全而弄巧成拙,则往往能够把握大局,决胜于千里之外。要想成就大事,修心是必不可少的一课。人的一生难免要遭遇难堪的误解,在遭到他人不公正的批评甚至辱骂时,切不可失去理智。人生就像一部大书,一辈子都要细读细品,要保持平和的心态,才能参透其中的是非真假。遇到问题,一把怒火烧得自己晕头转向,只会把小事渲染成大事,跌入对手的圈套。没有什么对手能彻底击倒你,最终能使你倒下的只有你自己,所以遇事一定要镇定,保持平和的心态,不躁不怒。

冯谖就是历史上那个骄傲的食客,因为饭桌无鱼,便弹铗而歌。后来,他被孟尝君的诚意与谦逊所感动,终于为其利益而奔走。

有一次,孟尝君想从门下宾客中选人代他到薛邑(孟尝君的封土)收债,冯谖主动申请前往。孟尝君很高兴,便同意了。冯谖收拾停当之后,向孟尝君辞行,并请示:『收完债,您需要买些什么东西吗?』孟尝君顺口答道:『先生看我家里缺什么,就买些什么吧!』

冯谖驱车来到薛邑,派人把所有负债之人都召集到一起,核对完账目后,他便假传孟尝君的命令,把所有的债款赏给负债诸人,并当面烧掉了债券,百姓感激不已,皆呼万岁。

冯谖随即返回,一大早便去求见孟尝君。孟尝君没料到他回来得这么快,半信半疑地问:『债都收完

菜根谭

了吗？』冯谖答：『收完了。』『那你给我买了些什么回来呢？』孟尝君又问。

冯谖不慌不忙地答：『您让我看家里缺少什么就买什么，我考虑到您有用不完的珍宝，数不清的牛马牲畜，美女也很多，缺少的只有「义」，因此我为您买「义」回来了。』孟尝君不知其所云，忙问『买义』是什么意思。冯谖就把债款赐薛民的事说了，并补充说：『您以薛为封邑，却对那里的百姓像商人一样盘剥刻薄，我假传您的命令，免除了他们所有的欠债，并把债券也都烧了。』孟尝君听罢心里很不高兴，只得悻悻地说：『算了吧！』

一年后，孟尝君由于失宠被新即位的齐王赶出国都，只好回到薛邑。往日的门客各自逃散了，只有冯谖还跟着他。当车子距薛邑还有上百里远时，薛邑百姓便已扶老携幼，夹道相迎。孟尝君好生感慨，回头对冯谖说：『先生为我所买的「义」，我今天终于看见了！』

冯谖焚债券而买『义』，此举确实高明，这正表现了他的大智谋与眼光。他没有被眼前的小利所迷惑，急于一时之功，而是从长远出发，以利市义，为孟尝君赢得了民心。作为战国四公子之一的孟尝君，面对事情的时候，也难免急于一时的得失，而不能静心思忖，放眼长远，比之冯谖，确实略有不足。

人们在遇到事情的时候，应该多静下心来，仔细考虑，权衡长远利弊之后，再行动也不迟。莽撞行事、急功近利带来的往往是目光的短浅、思考的匮乏，以小利而大喜，以小失而大悲，结果是因小利而遇祸。

要想摆脱小利带来的诱惑，放眼于长远，是很困难的。这不仅需要开阔的眼界、恢宏的胸襟，还需要非凡的忍耐与淡定平和的心态，只有这样才能够不断地战胜自我，克服困难，一步步走向成功。